PÉRÉGRINATIONS AGRICOLES,

PAR

M. LE COMTE CONRAD DE GOURCY.

EXTRAIT DES ANNALES DE L'AGRICULTURE FRANÇAISE, 1856-1857.

PARIS,
IMPRIMERIE ET LIBRAIRIE D'AGRICULTURE ET D'HORTICULTURE
DE Mme Ve BOUCHARD-HUZARD,
RUE DE L'ÉPERON, 5;

ET CHEZ Me MERCIER,
rue Jacob, 26.

1859

PÉRÉGRINATIONS AGRICOLES.

PÉRÉGRINATIONS AGRICOLES,

PAR

M. LE COMTE CONRAD DE GOURCY.

EXTRAIT DES ANNALES DE L'AGRICULTURE FRANÇAISE, 1856-1857.

PARIS,

IMPRIMERIE ET LIBRAIRIE D'AGRICULTURE ET D'HORTICULTURE
DE Mme Ve BOUCHARD-HUZARD,
RUE DE L'ÉPERON, 5 ;

ET CHEZ M^c MERCIER,
rue Jacob, 26.

1858

ERRATA.

PÉRÉGRINATIONS AGRICOLES.

Je suis parti de Paris le 9 mai 1853 et me suis arrêté pour visiter la culture du château de la Motte, qui a été acheté par l'Empereur, lorsqu'il était Président, et qui est maintenant sous la direction du ministre d'État. M. Boitel, l'inspecteur général d'agriculture, qui a la direction de cette terre, était parti pour Paris; le régisseur s'était rendu dans la terre de la Grillière, qui a été achetée en même temps que celle de la Motte. J'ai reconnu, dans le chef de culture, le fils d'une des familles des fermiers belges qui sont venus louer, il y a quelques années, des fermes dans le Berry. M. Scouman avait été, pendant quelque temps, chef de pratique à la ferme-école d'Aubussay, près de Vierzon, dont M. Poisson est directeur; depuis lors il a été placé ici.

J'ai vu d'abord la basse-cour du château, dans laquelle étaient dix chevaux de travail; je n'ai aperçu qu'une paire de bœufs; j'ai vu rentrer du pâturage une trentaine de vaches; elles ont été choisies dans diverses races par Guénon. Le taureau ne m'a pas paru beau. Le troupeau composé de bêtes du pays, conduit par une bergère, était dans les champs, au loin. J'ai vu une porcherie, récemment construite, qui contenait une demi-douzaine de truies et verrats de race new-leicester, elles venaient d'arriver de la ferme régionale de Grand-Jouan, qui les avait reçues de l'institut agricole de Versailles. On m'a dit qu'on comptait vendre les jeunes cochons vers l'âge de six semaines, à raison de 40 francs la paire, afin de propager cette bonne espèce. M. Boitel n'avait été appelé à la direction de cette culture que depuis quelques mois, et il l'avait trouvée dans un triste état; les champs pleins de Chiendent et, du reste, aussi sales que possible; ils sont à sous-sol imperméable et, par suite, d'une humidité extrême pendant la plus grande partie de l'année, aussi a-t-il l'intention de les drainer (1).

Le précédent propriétaire avait fait irriguer les anciens prés sans les faire drainer, aussi se sont-ils remplis de Joncs et de Carex. Il avait transformé en prés irrigués d'anciennes terres et des Bruyères défrichées, aussi sans les avoir drainées, chaulées et bien fumées. Les eaux de la rivière du Beuvron qui sont colorées en noir par les marais tourbeux et les terres noires de Bruyères qu'elles ont parcourues ne conviennent nullement à l'irrigation; il s'en est suivi que ces prés, de nouvelle formation, n'ont absolument rien produit. On m'a fait voir un champ de 6 hectares de Colza, qui avait reçu 1,500 kilog. par hectare d'une espèce d'engrais factice venu de Paris, dont on n'a pu me dire le nom ni le prix. Le Colza était beau, mais infecté de mauvaises herbes et de Chiendent. Les terres destinées aux racines étaient pleines de cette peste des champs qui ne pourrait être détruite que par une jachère complète et à condition d'une sécheresse assez prolongée. Je doute fort que les Carottes qui y ont été semées et les Betteraves qu'on doit y repiquer puissent prospérer dans une terre aussi sale, et en tous cas elles ne permettront pas qu'on la nettoie suffisamment. J'ai vu des instruments aratoires Dombasle et une machine à battre Ransome faite à Paris.

La terre de la Motte-Beuvron se compose de plus de 1,300 hectares; on a le projet de ne cultiver qu'une réserve, de faire beaucoup de prés et de planter le reste des terres en bois.

____

(1) Depuis l'époque du voyage de M. le comte de Gourcy le domaine de la Motte-Beuvron a reçu de nombreuses améliorations.

Je suis allé coucher à Vierzon et me suis rendu le lendemain matin à la ferme-école d'Aubussay, dont le directeur, M. Poisson, jeune fermier des environs de Paris, était malheureusement absent. Cette ferme est fort bien bâtie; elle se compose d'environ 200 hectares, dont les trois quarts sont en terres calcaires difficiles à cultiver. On laboure avec une charrue Dombasle à avant-train attelée de quatre chevaux. La vacherie contient des vaches du pays, deux génisses charolaises, et un taureau durham acheté à la ferme-école de la Mayenne, dont M. Chrétien est le directeur; le reste des étables contient huit génisses et autant de veaux. J'ai vu de beaux Trèfles rouge incarnat, de belles Vesces, de fort beaux Froments et 5 hectares de bons Colzas, mais peu d'autres récoltes sarclées. Le troupeau se compose de brebis berrychonnes auxquelles on a donné des béliers de la Charmoise; mais on vient d'acheter des béliers d'Alfort qui ont un quart de sang de Dishley, un quart gros de Mauchamps et le reste en sang mérinos de Rambouillet, car on ne trouve pas la laine des béliers charmoises assez belle. Cette propriété appartient aux petits-enfants de feu M. Auberlot, de la forge de Vierzon, excellent et digne homme qui sera longtemps regretté dans ce pays, où il a fait tant de bien pendant sa longue carrière. La ferme-école d'Aubussay, n'existant que depuis deux ans, n'a encore que huit élèves de première et autant de seconde année.

Je suis retourné à Vierzon, et suis reparti de suite pour me rendre dans la terre de Loroy, propriété de M. Lupin, qui est à 32 kilomètres de Vierzon et à 28 de Bourges, sur la route qui va de ces deux villes à Gien (Loiret); il était encore à Paris. J'ai visité, durant le reste de ce jour et avant de me rendre au château, la ferme de la Fontenille, qui contient à peu près 300 hectares. J'ai vu, dans une vacherie très-bien organisée, une douzaine de vaches ou génisses provenant de croisements durham et cotentin, une porcherie contenant des new-leicesters, des essex-napolitains et des berkshires. L'immense bergerie est meublée de brebis de l'espèce de Crevant, partie du Berry qui se rapproche des montagnes de la Creuse, dont le sol granitique est fort maigre et la culture excessivement arriérée. On a donné à ces bêtes, depuis plusieurs années, des béliers dishleys et des béliers southdowns dont les produits sont excellents ; mais je crois que ceux provenant des southdowns sont les plus convenables aux terres qui ne sont pas d'une grande fertilité. Il y a dans cette bergerie un millier de brebis.

Les grains d'hiver étaient fort beaux, ainsi que les prairies artificielles, Luzernes, Trèfles et Vesces ; on était en train de faire les récoltes sarclées, Betteraves, Carottes et Rutabagas. Les Navets ne se font que sur les chaumes des grains d'hiver, au moyen de guano sur les anciennes terres, et de noir animal sur les nombreux défrichements de Bruyères que M. Lupin a faits dans les six fermes qu'il cultive lui-même. On emploie aussi beaucoup de tourteaux de Noix et de Colza, tant pour la nourriture et l'engraissement du bétail que pour fumure des terres.

Je me suis rendu de là à la ferme de la Brossette, dont l'étendue approche de 200 hectares. Ces deux fermes sont sous la direction de M. Grenier, très-bon cultivateur et ancien distillateur aux environs de la ville d'Ath, en Hainaut (Belgique). J'ai admiré là une belle vacherie, peuplée de vingt-cinq vaches ou génisses de croisements durham-cotentin et durham-charolais ; une bergerie, composée de même que la précédente, mais moins considérable. La porcherie est dans le même genre que celle de la Fontenille. Ici, superbes Froments, Colza de toute beauté, faits sur des Bruyères qu'on avait payées 250 fr. l'hectare, et qui en étaient à leur troisième récolte, dont chacune avait reçu 5 hectolitres de noir animal pour toute fumure. On avait semé la graine mélangée au noir, mais en repassant trois fois sur le même terrain, afin de bien égaliser la semence de même que l'engrais.

J'ai vu de belles Vesces d'hiver et de printemps, de fort beaux Trèfles mêlés de Ray-grass d'Italie ; mais il y avait trop de ce dernier. Les récoltes sarclées étaient bien levées et fort propres. M. Grenier m'a fait remarquer que les Colzas, semés fin de juillet et première quinzaine d'août, étaient bien plus beaux que les derniers semés. On nourrit le bétail ici comme à Aubussay, avec du Seigle fauché en vert; mais, comme il est déjà épié, les vaches en rejettent beaucoup dans la litière, car les tiges en sont dures : si on le faisait passer au hache-paille, cet inconvénient n'aurait pas lieu. On a commencé en Angleterre à remplacer ce fourrage, le plus hâtif, par du Ray-grass d'Italie, qui est meilleur, plus productif, et l'on dit aussi hâtif, lorsqu'il a été semé seul en août ou septembre. J'ai vu les troupeaux qu'on avait mis dans les Seigles et dans des Ray-grass anglais aussi montés à graine n'en manger que les feuilles et en piétiner les tiges. On est occupé à construire un manége à un cheval, destiné à faire tourner le hache-paille et un lavoir de racines alternativement; il servira aussi à mettre en mouvement une machine pour teiller le Lin. Les divers chemins qui s'éloignent de la ferme sont garnis, jusqu'à une certaine distance, de Bruyères, afin de recevoir les crottins des animaux de trait et des troupeaux qui sortent pour aller au travail ou en pâture, car les vaches et les porcs ne sortent pas. Les fumiers sont étendus dans la cour, afin d'en prévenir la fermentation, qui a lieu lorsqu'on les entasse; mais une chose qui manque ici, ce sont les gouttières destinées à emmener hors de la cour les eaux des toits, qui, par conséquent, lessivent le fumier, lorsqu'elles sont abondantes. M. Lupin, qui a commencé à drainer en 1846, ayant alors construit une petite tuilerie et fait venir une machine à faire des tuyaux d'Angleterre, a déjà drainé plus de 100 hectares à 10, 15 et 20 mètres de distance; cela lui coûte de 120 à 220 fr. l'hectare. Suivant l'éloignement des rigoles les unes des autres, elles ont 1^m,25 de profondeur; il est si content des résultats de cette amélioration, qu'il la continue le plus vite possible.

On a transformé ainsi des pâtures marécageuses et à fonds tourbeux en fort bonnes terres qu'on laboure en tout temps: elles donnent de belles récoltes de céréales, prairies arti ficielles, racines et Lins ; on compte en faire des prés. Ce qui manque dans cette culture , ce sont les Trèfles incarnat hâtifs et tardifs pour le printemps , et les Millets, les Maïs-fourrages ; ces derniers ont le mérite de fournir une très-abondante et excellente nourriture à l'époque des chaleurs, qui brûlent les autres prairies artificielles. On vient de semer des Lupins blancs , afin de s'en procurer assez de semences pour pouvoir en faire en grand et les enterrer comme com-plément de demi-fumures. On a aussi planté un champ de Topinambours qui fournissent, s'ils sont bien fumés, une grande abondance de tubercules et de tiges; ces dernières étant coupées et mises en moyettes verticales , quinze jours avant l'époque où les premières gelées sont à craindre, for-ment une excellente nourriture pour les troupeaux : ils en dévorent les feuilles, ainsi que la moelle sucrée, qui est con-tenue dans les grosses tiges.

On achète beaucoup de cendres lessivées, de suie, des tour-teaux de Colza , enfin surtout du guano , dont on a été de-puis bien des années très-content comme suppléments de fumures. L'engrais sussex, qui se vendait, l'an dernier, 4 fr. l'hectolitre à Paris, y a produit peu de résultats. On confec-tionne beaucoup de composts avec des terres qu'on prend le long des haies, chemins et fossés; on y ajoute du fumier, de la chaux, des litières de Bruyères étalées sur les chemins; ou les arrose avec du purin, et après les avoir bien mélangés deux fois dans l'espace de quelques mois, on les emploie avec de bons résultats. On se sert, dans les diverses fermes, d'in-struments aratoires des plus perfectionnés, tels que de ma-chines à battre, tarares perfectionnés, hache-paille, coupe-racines, semoirs à grains et à racines, charrues belges, amé-ricaines et anglaises, charrues à sous-sol, divers rouleaux, dont plusieurs de Crosskill, herses Bataille, scarificateur Du-cie , herse de Norwége, un des meilleurs instruments pour pulvériser les mottes, déchirer les gazons et ameublir les terres battues; d'excellentes herses belges, houes à cheval écossaises pour la culture des racines en billons, celle dite *Malingié* ;

enfin la houe à cheval belge, qui, dirigée par un homme et traînée par un cheval, cultive trois lignes de Betteraves faites à plat et distantes au plus de $0^m,50$. On a aussi deux paires de meules pour moudre des farines, l'une pour faire du pain et l'autre pour nourriture du bétail; c'est un manége à quatre chevaux qui les fait tourner, mais on a le projet d'y établir une chute d'eau.

J'ai parcouru le 11 mai, avec M. Brett, le régisseur des quatre fermes qui se rapprochent du château de Loroy, une assez grande partie de ses cultures; il m'a fait voir plus de 40 hectares de beaux Colzas, pour la plupart venus sur des Bruyères défrichées depuis quelques années, et qui n'avaient encore reçu que du noir animal comme fumure. Ceux de ces Colzas qui ont été semés en lignes au moyen d'un semoir sont plus clairs, et produiront évidemment plus que ceux qui ont été faits à la volée et qui se trouvent généralement trop épais; mais ceux qui ont été repiqués à la charrue sont les meilleurs. Nous avons traversé un énorme champ en terre assez forte qui, ayant été labourée un peu trop humide ce printemps, est devenue si compacte, que les grosses herses de fer attelées de quatre chevaux ne faisaient que sauter sans ameublir; M. Brett y a fait venir alors sa herse de Norwége, qui est montée sur les quatre roues du scarificateur de lord Ducie, dont on a, pour cela, ôté les pieds. Cet instrument, qui a conservé le nom du pays d'où il a été importé en Angleterre, a été placé, depuis lors, sur des roues; il est parvenu ici à ameublir parfaitement cette terre, devenue intraitable. M. Brett le fait travailler du matin au soir, en rechangeant les attelages, composés de quatre bons chevaux, afin d'en tirer le meilleur parti possible. Il n'en a qu'un et M. Grenier un autre. Il dit qu'il en faudrait un dans chacune des six fermes. Ces trois admirables instruments anglais, le rouleau Crosskill, le scarificateur Ducie et la herse de Norwége, n'ont qu'un défaut, c'est de coûter cher, le premier 500 fr. et les deux autres réunis la même somme; ils sont formés entièrement de fer et de fonte. J'ai trouvé ici une cinquantaine

d'hectares en récoltes sarclées, Betteraves, Carottes et Rutabagas. Ce sont des familles belges des environs de Tournay
que M. Lupin a fait venir, et qu'il loge dans six locatures
construites pour eux, qui font, moyennant 70 fr. par hectare,
toute cette culture. Ils sèment les graines à la main dans les
lignes tracées par le marqueur ; ils éclaircissent, et sarclent
ensuite deux fois après que la houe à cheval a passé ; enfin
ils font l'arrachage. On leur donne 100 fr. par hectare pour
les Carottes.

M. Brett a 120 hectares de Froment, et il est si content de
ses semailles en lignes, qu'il compte dorénavant semer au
semoir toutes les terres drainées qu'on laboure à plat. Il y a
d'abord économie de 1/2 hectolitre de semence par hectare
ici, où l'on ne sème que 2 hectolitres de Froment ; ensuite
la culture en lignes permet le sarclage des céréales, seul
moyen d'arriver à avoir des terres exemptes de mauvaises
herbes, qui usent la terre, et dans les années humides con-
tribuent à faire verser les récoltes. M. Lupin ne cultive maintenant plus d'Avoine, préférant alterner les récoltes de Froment avec les prairies artificielles et les racines. Ses Trèfles
sont très-beaux, mais je pense qu'on y a ajouté trop de Ray-
grass d'Italie.

Je voudrais qu'en France on imitât les bons fermiers de la
Grande-Bretagne, qui, depuis un certain nombre d'années,
consacrent un enclos de bonne terre, le plus rapproché que
possible, de la ferme, à la culture exclusive du *Lolium pe-
renne italicum*, dont moitié est renouvelée tous les ans, car
cette plante ne produit bien que deux années consécutives.
On le sème seul, et de préférence en septembre ; il peut alors
donner une bonne première coupe à la fin d'avril. On le
fauche, chaque année, au moins cinq fois ; mais il faut, pour
arriver à ce résultat, l'arroser six fois au moins avec 300 hectolitres de purin, composé de moitié urine, qu'on remplace
quand elle manque, par 500 kilog. de guano, ou bien, dans
les fortes chaleurs de l'été, par 250 kilog. de nitrate de soude
dissous dans 300 hectolitres d'eau.

MM. Kennedy, fermier, à Myermill, près Maybol ; Telfer, à Cunning-Parc, près Ayr, et Ralston, à Lagg, à 2 milles du précédent, récoltent 250 tonnes de Ray-grass en vert sur 1 hectare, dans les deux années de l'existence de cette plante ; elle a été introduite en Angleterre par David Lawson, grènetier, à Édimbourg. En 1831, il en a importé une soixantaine d'hectolitres de graine venue de Hambourg ; depuis lors, la demande s'en est tellement augmentée tous les ans, qu'en 1850 il en fut importé dans la Grande-Bretagne environ 9,000 hectolitres, et qu'en 1853 cette importation s'éleva à 14,000 hectolitres, sans compter toute la graine qui fut récoltée dans les trois royaumes. La seule maison de MM. Drummond, à Stirling, en Écosse, en a vendu, dans les six dernières années, 3,238 hectol. ; presque tous les marchands grèneliers, même des petites villes, en tiennent. La maison Sutton, de Reading, en a vendu, l'année dernière, 385 hectol., tandis qu'on ne lui a demandé que 400 hectol. de toutes les autres variétés de Ray-grass anglais réunies. Cette plante préfère les terres fortes et calcaires, mais elle vient bien dans les terres légères lorsqu'elles sont chaulées et bien fumées. On doit semer de 250 à 280 litres de semence ; la meilleure est celle qu'on importe de Milan. La meilleure manière de le faire bien réussir est de le semer seul en septembre, et, si on ne le peut, on le sème dans un grain d'hiver ou dans un de mars, au printemps. Si on veut en ajouter au Trèfle, de 75 à 80 litres avec 12 kilog. de graine de Trèfle feront fort bien ; on assure qu'il est très-avantageux d'ajouter à 240 litres de Ray-grass 4 kilog. de Trèfle hybride de Suède ou Alsick. On recommande aussi de semer le Ray-grass avec du Trèfle incarnat, qui ne repousse pas après une bonne coupe. L'hectolitre de semence pèse environ 25 kilog. ; on peut en récolter de 30 à 35 hectol. par hectare, mais il faut faucher avant la complète maturité et lier en petites bottes, sans cela la plus grande partie de la graine tombe.

On l'arrose une fois au printemps, quand il commence à

végéter, et ensuite, après chaque coupe, au moins uue fois, avec 3 ou 400 hectol. de purin par hectare. Si on veut inter-caler d'autres récoltes entre deux semailles de ce Ray-grass, on fera mieux d'y semer des Pois ou Vesces d'hiver, qu'on remplacera, aussitôt fauchés en vert, par des Turneps ou par des Betteraves repiquées; il repousse mieux après la faux que sous la dent d'un troupeau. M. Méchy a nourri, l'année dernière, sur 240 ares de Ray-grass d'Italie, semé sur un mauvais sol rocheux, cent gros moutons à l'engrais qui re-cevaient, chaque jour, 500 grammes de tourteaux de Colza par tête, depuis le 20 d'avril jusqu'à la fin d'août; ces bêtes n'ont pas quitté cette pâture pendant tout ce temps.

M. Telfer, à Cunning-Parc, près la ville d'Ayr, a nourri, l'année dernière, complétement, quarante-sept vaches ayrshi-res et un taureau avec le produit de 9 hectares 50 de terre sablonneuse, qui sont soumis à l'irrigation du purin, au moyen de tuyaux de fonte mis sous terre et qui amènent l'engrais liquide sur place; ces 9 hectares 50 se sont trouvés emblavés de la manière suivante : 3,50 ares étaient en Ray-grass italien, dont moitié à sa deuxième et moitié à sa pre-mière année. Comme par extraordinaire, à la suite de con-tre-temps, il n'avait pu être semé, ces deux années, qu'au printemps, au lieu de l'être en août ou septembre; il n'a produit, pendant l'année, que trois coupes, lesquelles n'ont fourni que 270 tonnes de 1,000 kilog. de fourrage vert, sans compter la coupe de la moitié du terrain qu'on a laissée mon-ter en graine, et dont le foin est cependant excellent. 1,40 ares en Choux cabus, qui ont produit 150 tonnes, dont on a vendu pour 250 fr., ce qui n'a pas été consommé par les bêtes; 2,88 ares en Betteraves, qui ont donné 250 ton-nes de racines, dont on a vendu 80 tonnes à 33 fr. la tonne, ou pour 2,640 fr., et près de 5 hectares de Froment, qui ont donné le produit très-remarquable de 141 hectol. 75 litres, ou plus de 47 hectol. par hectare; et il est bon de remarquer que, comme le Froment s'est vendu très-cher cette année, le produit de sa vente, ajouté à ceux des Choux et Betteraves.

soldera la dépense faite pour payer la nourriture d'hiver achetée en foin aux **9,50** ares des terres non irriguées, qui sont soumises à l'assolement ordinaire, ainsi que la graine de Lin, les Fèves et les engrais de guano et sulfate d'ammoniaque employés sur les **9,50** ares qui sont irrigués. D'où il résulte que les divers produits venus sur **9** hectares **50** irrigués, d'une terre naturellement des plus sableuses et excessivement maigre, ont suffi à la nourriture de quarante-huit bêtes à cornes pendant une année entière, ainsi qu'à payer les engrais achetés pour eux. Ces quarante-sept vaches ont produit, dans l'année, **137,970** litres de lait, ce qui fait une moyenne de **2,935** litres 1/2 par vache, ou **8** litres passés par vache sur les trois cent soixante-cinq jours d'une année, ce qui est un très-grand produit surtout pour de petites bêtes.

Quand M. Telfer sème son Ray-grass italien en automne, sur un chaume de Froment labouré une fois, scarifié et hersé plusieurs fois, il fait ôter les chaumes au râteau à cheval; il roule et sème de **250** à **280** litres de semence par hectare, qu'on enterre avec une herse garnie d'épines; il l'arrose, à raison de **200** tonnes de **1,000** kilog. chacune, d'eau dans laquelle on a fait dissoudre **3** à **400** kilog. de guano, s'il n'a plus d'urine coupée. Cette irrigation se renouvelle de quatre à six fois dans l'année, suivant le nombre de coupes qu'il en fait; il fait couler le purin sur la terre sans le faire tomber de haut comme une pluie, parce qu'alors une assez forte partie de l'ammoniaque s'évaporerait. Il faut à peu près cinq semaines, entre deux coupes de cet excellent fourrage, avec ces énergiques arrosements lorsqu'il fait chaud, pour lui donner une hauteur de **1** mètre avec une extrême épaisseur. La première coupe se fait ordinairement fin d'avril, en même temps que celle du Seigle-fourrage. On peut compter, dans les deux années de l'existence de cette plante, sur un poids de **160** à **200** tonnes de fourrage vert, dont le bétail ne se lasse pas, quoique étant nourri, depuis la fin d'avril jusqu'à celle d'octobre, exclusivement de Ray-grass d'Italie, ce qui n'aurait pas lieu si on lui donnait toujours les meilleurs Trèfles ou Luzernes ; mais il est bon d'observer que cette espèce de Ray-grass a fourni, d'après une analyse exacte, 8 pour 100 d'azote. Le beurre fait chez M. Telfer est expédié à Londres, où il obtient les prix les plus élevés.

M. Kennedy, fermier à Myermill près la ville de Mayboll et non loin de celle d'Ayr, cultive 375 hectares, dont 168 tout irrigués au moyen de tuyaux en fonte ; il a 72 hectares en Froment, autant en Rutabagas, Navets et Betteraves, autant en herbages d'un an et le même nombre en herbages de deuxième année ; sous ces deux chiffres il s'en trouve 16 hect. 40 de Ray-grass d'un an et autant de deux ans, qui sont sur le terrain irrigable au purin. Le fourrage vert récolté dans cette ferme nourrit, en y ajoutant des tourteaux de Colza et de la farine de Fèves, toute l'année, 253 têtes de bêtes bovines, qui arrivent, en moyenne, à donner au moins 350 kilos de viande nette par tête. On engraisse aussi à l'étable ou pour bien dire à la bergerie de même toute l'année 450 moutons cheviots ayant du sang dishley, dont le poids moyen de viande arrive à 33 et 34 kilos à l'âge d'un an à quinze mois, et qui se vendent la pièce 52 à 60 francs ; on nourrit aussi 150 à 200 cochons. L'attelage se compose de 25 gros chevaux du Clydesdale ; il y a, en outre, des moutons ou porcs, mais je n'en connais pas le nombre. On renouvelle les animaux à l'engrais trois fois par an ; les bêtes bovines reçoivent par mois pour 8 à 9 francs de tourteaux et farine. Les moutons ne reçoivent que 450 grammes de pouture par jour, laquelle coûte par mois à peu près 1 franc, et depuis avril jusqu'à la fin d'octobre rien que du Ray-grass d'Italie dont les moutons mangent 6 à 9 kilos, et les bœufs environ 50. Les moutons sont dans des boxes sur planchers en claires-voies, dont l'étendue pour 10 est de 12 pieds sur 6. Il existe sous les claires-voies un carrelage en briques qui est incliné de manière à ce que l'eau, qu'on lâche à volonté, emmène l'urine et les crottins des moutons dans les grands réservoirs à purin, où ils sont mélangés avec de l'eau. Il y a une continuelle occupation pour deux faucheurs et pour quatre tombereaux attelés d'un cheval chacun, pour fournir tout ce bétail de nourriture.

M. Kennedy dit qu'un hectare de Ray-grass d'Italie bien arrosé de purin ou eau de guano nourrit et engraisse de 140 à 160 moutons par cinq mois; enfin il vend 3,000 moutons gras dans l'année. M. Kennedy a fait, en sus des engrais liquides, 7,000 yards cubes de fumier dans l'année; il achète par abonnement, à raison de 60 francs les 450 litres, toutes les eaux ammoniacales des villes de Mayboll et d'Ayr, qui lui en fournissent de 36 à 45 hectolitres qu'il mélange à ses purins; il mêle 180 litres de cette eau de gaz concentrés avec les 250 à 300 hectolitres de liquide employés pour un arrosement d'un hectare, qu'il recommence souvent deux fois entre deux coupes de Ray-grass.

M. Ralston, fermier à Lagg, à 4 milles d'Ayr, qui a disposé environ la moitié de sa ferme pour être irriguée au purin, a obtenu, à peu près, les mêmes succès que les précédents; il a donné deux fumures de guano en poudre à une partie de son Ray-grass d'Italie, et il n'a pu le faucher que deux fois; il a appliqué la même quantité de guano avec l'eau nécessaire, et il obtint quatre coupes, dont les quatre longueurs des plantes mises au bout les unes des autres formèrent une longueur de 4 mètres.

M. Bell, fermier, à Enterquine, terre éloignée d'environ 4 milles d'Ayr, a 20 hectares de terre soumise à l'irrigation; ses terres sont argileuses et lui fournissent autant de poids en Ray-grass vert que les sables de M. Telfer.

M. Bradshaw, fermier anglais, sème du Ray-grass depuis sept ans, mélangé de la manière suivante : pour être fauché il met 23 litres et demi de Ray-grass d'Italie avec 16 kilos de Trèfle rouge et pour pâturage 45 litres de Ray-grass, 9 kilos de Trèfle blanc et 7 de Lupuline, et il obtient ainsi des fourrages ou pâturages très-abondants.

Revenons à Loroy. Le bétail qui se trouve à la ferme de la basse-cour et dans les trois fermes qui sont aussi sous la direction de **M.** Brett se compose d'environ cent bêtes à cornes sans compter les veaux, dont au moins les trois quarts ont reçu une ou deux fois du sang durham. Parmi elles il se trouve plusieurs taureaux, six vaches et des élèves de pur sang durham ; il y a ici, tous les ans, une station de deux étalons des haras impériaux, dont un est un pur sang ; il y a quatorze poulains de l'année ; une quarantaine de chevaux dont plus de moitié sont des juments normandes, qui font des poulains tout en travaillant. Les quinze cents brebis se trouvant placées à la Fontenille et à la Brossette, **M.** Brett n'a dans ses quatre domaines que les antenois, les agneaux, et enfin les moutons à l'engrais ; il élève beaucoup de cochons et en engraisse.

Étant retourné à Bourges, j'y ai loué un cabriolet pour me rendre à la colonie des jeunes prévenus, que **M.** Lucas. inspecteur général des prisons, a formée dans le val de l'Yèvre, à 8 kilomètres de la ville, sur environ 230 hectares de marais tourbeux qu'il y possédait. Le directeur de la colonie, ayant cultivé dans les très-fertiles marais du Poitou, a été choisi par **M.** Lucas pour améliorer cette propriété, dont le sol est bien différent de celui auquel il était accoutumé ; aussi m'a-t-il paru que c'était le jardinier qui dirigeait la culture. On a construit de beaux bâtiments dans ce marais ; les enfants, qui sont au nombre de deux cent cinquante, sont logés au premier étage, afin d'éviter l'humidité ; ils ont déjà défriché à la bêche environ 70 hectares de ce marais tourbeux, qui ne fournissait, avant d'être cultivé, qu'une détestable et très-peu abondante pâture. Les vaches qu'on y conduit ne mangent que lorsqu'elles meurent de faim l'herbage acide, qui est plutôt propre à diminuer le produit du lait qu'à l'augmenter. On a formé quelques grands fossés pour emmener les eaux du marais à la rivière, et beaucoup de petits pour verser leur eau dans les grands fossés. J'ai admiré, dans ce marais cultivé, environ 6 hectares de Colzas aussi beaux que ceux que j'avais vus dans mes différents voyages dans les Flandres ; ils avaient été repiqués après une récolte de Hari-

cots qu'on avait bien fumés ; un autre champ de Colza semé
dans le même genre de fond tourbeux, mais qui venait seulement d'être défriché à la bêche, et dans lequel on avait
semé le Colza à la volée, en lui donnant comme fumure
4 hectolitres et demi de noir animal, sans être mauvais,
était trop épais et ne valait pas la moitié du précédent. On
récolte ici, tous les ans, une quantité considérable de Haricots, qui réussissent fort bien dans cette tourbe, au moyen
d'une fumure de vingt-cinq à trente voitures à deux chevaux de fumier de cavalerie qu'on va chercher à Bourges
dans les écuries de l'artillerie. On forme des trous dans lesquels on dépose du fumier qu'on recouvre d'un peu de
terre tourbeuse ; on y met trois ou quatre Haricots qu'on
recouvre avec la même terre, et ils produisent fort bien.
J'ai vu du Ray-grass d'Italie semé après les Haricots l'an dernier, qui avait alors 50 centimètres de haut et était très-
épais ; on en a semé aussi avec une fumure de cendres lessivées qui est de même fort beau et vert foncé. M. Lucas
ayant acheté depuis, des deux côtés du marais, quelques
champs de bonne terre, dont le sous-sol est formé de pierres
calcaires, on a enlevé la terre que les enfants portent dans
de petites hottes, sur des terres défrichées qu'on a semées en
prés, afin de donner de la consistance à la tourbe. Ces terres, qui sont calcaires, neutralisent aussi l'acidité de la
tourbe. Il a ensuite extrait dans le sous-sol l'immense quantité de pierres calcaires qu'il lui a fallu pour construire les
grands bâtiments qui forment ce bel établissement, destiné
à loger, par la suite, trois cents colons, une dizaine de pro-
fesseurs et surveillants, enfin des sœurs pour soigner les
malades, et la lingerie ; une quarantaine de bêtes à cornes,
sept ou huit chevaux et des cochons, ceux-ci sont d'espèce
berkshire. Les vaches ont été achetées dans les marais du
Poitou ; elles sont fortes, mais ne s'arrangent guère bien
du changement de pâture, car elles sont sorties d'herbages
très-fertiles, pour venir sur des pâtures à fond tourbeux,
qui produisent plus de Carex et d'autres plantes acides que

de bonnes. Les bâtiments de la colonie ayant été placés malheureusement dans le marais, on a été obligé de loger les colons dans des dortoirs élevés au-dessus des étables, écuries, granges et porcheries, afin de les préserver, autant que possible, de l'humidité qui remonte du marais. On a employé une immense quantité de pierres et de débris pour former autour des bâtiments et dans la grande cour un terrain solide.

Il y a, tous les jours, plusieurs attelages en route pour aller chercher du fumier à Bourges; ils y vont soir et matin et font ainsi 36 à 38 kilomètres par jour, ce qui est loin de suffire à cette culture, qui doit s'étendre tous les jours davantage, par les défrichements successifs qu'on fait tous à la bêche, car les chevaux enfonceraient dans la tourbe. J'ai vu beaucoup de terres bien préparées qui n'étaient pas emblavées; en ayant demandé la raison, on m'a répondu que le fumier manquait; ne pouvant arriver assez vite, je pense qu'on a beau acheter le fumier à bon marché, il coûtera toujours trop cher lorsqu'il faut aller le chercher aussi loin. J'ai conseillé d'essayer le guano, qui, s'il réussit comme j'en suis persuadé, pourra être obtenu en suffisante quantité pour fumer toutes les terres de cet établissement à meilleur marché, à produits égaux, qu'avec le fumier de cavalerie, et de cette manière il ne faudrait pas longtemps pour amener toutes les terres de cette propriété à un état très-prospère et très-productif. On pourrait y cultiver avec succès du Houblon, qu'on est obligé de faire venir de fort loin. Dans un pays où il n'est pas cultivé et où il existe cependant des brasseries, on en récolte beaucoup dans des terrains tourbeux en Alsace et en Angleterre. Les Carottes et autres légumes, parmi lesquels j'ai vu d'énormes Asperges et de superbes Cantaloups, viennent on ne peut pas mieux dans cette terre tourbeuse améliorée et assainie. Les jeunes Poiriers plantés depuis trois ans ont l'air de prospérer, et ils sont couverts de fleurs; mais on a mis de la terre calcaire dans les trous en les plantant. Il y a déjà une dizaine d'hectares de nouveaux prés améliorés par les terres et grèves calcaires que les garçons y ont apportées dans leurs hottes.

Les premiers bâtiments construits ont été couverts en ar- doises, ceux qu'on a faits depuis sont couverts en paille, afin de rendre les dortoirs plus chauds en hiver et moins chauds en été, car il n'y a pas de plafond entre les dortoirs et la toiture.

Les enfants ont bonne mine ; ils reçoivent deux fois, par semaine, de la viande ; ils sont partagés en décuries, dont le chef a été élu par ses camarades. Il paraît qu'ils s'y trouvent bien, car ceux qu'on place dans le pays rentrent à la colo- nie ; s'ils viennent à perdre leur place, on les conserve dans l'établissement jusqu'à ce qu'on ait pu leur en trouver une nouvelle. J'ai vu un de ces jeunes gens qui avait été placé chez un paysan, lequel ne lui donnait que 70 fr. par an sans l'habiller ; il était de bonne taille, mais peu fort. Un autre, qui était de la Savoie, venait d'être réclamé par son père, à qui on ne put le refuser comme étant étranger ; avant de s'en aller il pleurait à chaudes larmes, demandant à rester. Il est question de créer une chapelle et d'ajouter d'autres bâti- ments. M. Lucas a dû déjà employer un capital fort considé- rable en bâtisses et en chemins ferrés, qu'on devra augmenter chaque année. Il vient aussi d'acheter une ferme de 150 hec- tares de terres calcaires touchant son marais. Là on pourra apprendre aux plus forts de ces enfants à labourer, et les autres travaux de grande culture ; jusqu'à cette heure, ils avaient été plutôt dressés au jardinage qu'à la culture. Ce sont les enfants qui font la cuisine, le pain, les blanchis- sages, enfin tous les travaux qui sont ordinairement laissés aux femmes.

Je n'ai pas aperçu d'ateliers de cordonniers ou de tailleurs ; on m'a cependant assuré que l'habillement se faisait dans l'établissement. Chaque décurie a son propre jardin, qui est soigné par les enfants.

Je suis venu coucher, le 12 de mai, chez M. Auclerc, à Bruère ; il m'a fait voir, le lendemain, de magnifiques vaches provenant d'un taureau durham, principalement avec des vaches charolaises. A cause du peu de rendement en lait des dernières, elles ne sont, en général, pas très-abondantes en lait; il s'en trouve cependant, parmi elles, qui en donnent jusqu'à 20 litres; on lui achète des jeunes taureaux aux trois quarts durhams, âgés de quelques mois, dans les prix de 2 à 300 francs. Les génisses sont un peu moins payées.

M. Auclerc a une douzaine de vaches, sept génisses, huit taureaux grands et petits, une vingtaine de bœufs, dont les plus jeunes ne travaillent pas encore, six chevaux. Son troupeau, peu considérable, avait été croisé par des béliers south-downs; il vient de leur donner un bélier dishley, car on tient, dans ce pays, aux béliers à figure et pattes blanches; ses bœufs travaillent à merveille, quoique ayant tous du sang durham à première et seconde générations. Il en a même qui sont du troisième croisement; ils sont toujours à pleine peau et en assez bon état pour pouvoir être achetés par les bouchers des villes environnantes. Leur nourriture hivernale est composée de 15 kilos de foin, autant de racines, Betteraves, Rutabagas ou Carottes, on leur donne une plus grande ration de Navets; en été son bétail a des fourrages verts. Dans ce moment, c'est du Seigle mêlé de Colza qui va être bientôt remplacé par du Trèfle incarnat qui, avant d'être en fleur, a déjà atteint la hauteur de 50 centimètres; il avait été semé après la récolte d'un Seigle, lequel avait été fait sur une fumure de 50 mètres cubes de fumier par hectare; on avait encore répandu 4 mètres de compost formé de bonne terre mélangée avec des vidanges assez épaisses, et ce Seigle avait aussi été arrosé avec du purin.

M. Auclerc a 3 hectares 50 ares en Sainfoin, plus de 12 hectares en Luzerne, près de 9 hectares en Vesces d'hiver ou Gesses, 1 hectare 50 en Seigle, fourrage mêlé de Colza, autant en Trèfle incarnat, 5 hectares de prés en partie irrigués. J'ai oublié le nombre, assez considérable, d'hectares de récoltes sarclées, consistant en Betteraves, Rutabagas, Carottes, Pommes de terre et Navets, ces derniers sont faits en récoltes dérobées; les racines reçoivent une fumure de 40 mètres cubes avant l'hiver, et la même dose au printemps; la seconde application se met à la manière du Northumberland, c'est-à-dire en billons de 70 centimètres de largeur; il fait faire, au milieu des billons, des trous à 50 centimètres les uns des autres.

On y place deux à trois graines de Betteraves, qu'on recouvre par une poignée d'un compost très-fertilisant, qui ne peut former une croûte au-dessus des jeunes plantes, lors même qu'il tombe une pluie battante sur cette semaille si soigneusement préparée. Elle produit, suivant la saison, 60 à 75,000 kilos de Betteraves par hectare; en année favorable, il a des champs qui produisent 100,000 kilos de cette racine; beaucoup de Betteraves, disettes ou globes, arrivent à peser 15 kilos pièce. J'ai encore vu une partie de ces énormes racines, qui sont venues principalement dans un champ qu'il avait semé en lignes alternatives de disettes et de Carottes. Cela me fait souvenir des récoltes sarclées qui donnent de si abondants produits à M. Dargent, propriétaire, près de Fécamp en Normandie; il sème aussi ses racines en billons, mais il mélange les semences de Betteraves, Carottes et Rutabagas ensemble, ce qu'il fait depuis longtemps avec le plus grand succès. Après avoir fait des essais comparatifs, qui lui ont toujours prouvé que le mélange de ces plantes produisait davantage, M. Auclerc sème aussi dans une partie de ses Betteraves, entre les lignes séparées par 70 centimètres, une ligne de Navets, ce qui n'a lieu qu'après le dernier sarclage à la houe à cheval, vers la fin de juillet ou au commencement d'août. Il sème une couple d'hectares avec un mélange de Maïs, Sarrasin et Moutarde blanche. Il plante, chaque année, un demi-hectare de Maïs pour graine, et en récolte de plusieurs espèces, dont une donne des épis énormes.

M. Auclerc avait, cette année, 13 hectares de superbes Froments, 3 hectares d'Avoines d'hiver; ses Orges et Avoines de printemps, venant à la suite de ses récoltes si fortement fumées, donnent d'énormes produits qui arrivent jusqu'à 60 hectolitres pour l'Avoine, et dépassent 45 pour l'Orge; malgré la rouille à laquelle sont assez sujettes ses terres fortes, à sous-sol calcaire, et dont la couleur est noire, ses Froments produisent des récoltes approchant ou dépassant 30 hectolitres en moyenne. Ses bœufs à l'engrais mangent 50 kilos de Navets, mais moins de Betteraves, lorsqu'ils sont à cette dernière nourriture, et 15 kilogr. de foin; un mois après le commencement de l'engraissement, on ajoute à cette ration 2 litres de farine de Gesses ou Pois cornus par repas, et de quinze en quinze jours on augmente les rations de farine de manière à arriver à ce qu'ils en consomment jusqu'à 10 et 12 kilogr. Dans le dernier mois, on leur donne 4 à 5 kilogr. de tourteaux de noix; mais alors on diminue notablement la farine. J'ai vu des cochons provenant de croisements entre Leicester et Berkshire. J'ai vu ici de fort belles volailles, poules cochinchinoises et oies. L'espèce de ces dernières est venue du midi de la France, où elles sont très-grosses.

M. Auclerc a fait venir récemment de la fabrique d'instruments aratoires de M. de Meixmoron-Dombasle, à Nancy, une charrue plus légère et d'un nouveau modèle, qui m'a paru devoir être fort bonne et dont il est très-content. Elle coûte 60 francs, sans l'avant-train; on peut se passer de celui-ci, qui coûte 70 francs. Le maréchal de M. Auclerc, le sieur Charles Robin, a parfaitement copié la charrue en question. Cet homme, qui est un excellent ouvrier, vient de faire un râteau à cheval qui se décharge, de distance en distance, de lui-même; le conducteur est monté sur un petit siége fixé sur le râteau. M. Auclerc est parvenu à amener ses cinq ou six métayers à perfectionner singulièrement leur culture, à beaucoup marner. L'un d'eux a vendu, l'an dernier, pour environ 6,000 francs de bétail. M. Auclerc a vendu, au dernier concours de Poissy, six bœufs gras pour 3,660 francs. Ses bœufs arrivent au poids de 5 à 600 kilogr. viande nette.

Il vient d'acheter 4 hectares de terre assez médiocre, dont un tiers est en prés, pour 16,000 francs. Ses meilleures terres, qui sont sur des hauteurs bordant le Cher, sont dans un canton où l'hectare se vend jusqu'à 3,000 francs. M. Auclerc est président du comice de Saint-Amand, qui est formé d'une agglomération de huit cantons. Le cinquième concours de ce comice va avoir lieu, pour la première fois depuis sa réorganisation, dans la ville de Saint-Amand-sur-Cher. Une commission composée des meilleurs agriculteurs de ce pays parcourt, chaque année, quatre cantons de l'arrondissement, pour juger, parmi ceux des cultivateurs qui se sont annoncés vouloir concourir pour la médaille d'honneur, celui à qui elle doit être accordée. Ces visites, faites à de bons cultivateurs, ont encore l'avantage de contribuer à l'instruction de ceux qui les font. Le conseil général du département donne annuellement 2,500 francs à ce comice, qui obtient ordinairement une allocation de 1,000 francs du ministère de l'agriculture; mais, cette année, il n'a reçu que 600 francs. Je me suis rendu de là chez mon ami M. Durand, de Bois-d'Abert, près Lignières. Il m'a fait parcourir, le même jour, une partie de son excellente culture. Je voyais avec bonheur ses magnifiques récoltes; mais on remarquait cependant encore une différence considérable entre les champs marnés et ceux qui ne l'ont pas encore été. Nous avons visité, le lendemain, un de ses voisins, M. Routhier, cultivateur ardennais, qui a loué une ferme considérable, dans laquelle il obtient des récoltes admirables une fois qu'il a marné; aussi emploie-t-il, toute l'année, deux attelages à cette grande amélioration, qui lui rend de si grands services.

M. Durand et sa famille m'ont conduit, le dimanche 16 mai, de bonne heure, à Saint-Amand, dont il est éloigné de 18 kilomètres, pour assister au concours de charrues. Elles étaient, pour la plupart, attelées de six bœufs; quelques-unes n'en avaient que quatre, et une seule n'en avait que deux; une autre était traînée par trois belles juments; enfin la dernière, qui était fort légère, avait deux ânes pour attelage. Une partie du champ de concours était en terre sablonneuse, le milieu en terre forte, et l'extrémité en bonne terre caillouteuse. Quoique le nombre des concurrents dépassât le chiffre de vingt. il ne s'y trouvait que deux charrues de l'ancien modèle en usage dans le pays; encore voyait-on qu'on avait cherché à les améliorer, ce qui n'empêchait pas que les six très-beaux bœufs qui formaient les attelages de ces deux charrues ne marchassent plus lentement et plus péniblement que les autres attelages labourant aussi dans la terre forte, mais qui traînaient des charrues Dombasle ou américaines, lesquelles se fabriquent dans le pays, et dont le prix est de 80 à 100 francs lorsqu'elles sont à avant-train, et de 45 à 50 lorsqu'elles marchent sans celui-ci.

Malheureusement le comice ne possède pas de dynamomètre, qui eût pu faire voir, d'une manière palpable, quelle différence il y a entre une bonne et une mauvaise charrue. Un maréchal en avait exposé une tout en fer et à avant-train, qui, ayant été essayée, a fait un bon labour; mais il en demandait 300 francs. Les charrues qui ont le mieux opéré, selon moi, sont celles qui étaient attelées des trois bonnes juments appartenant à M. Auclerc, et une autre traînée par quatre bœufs de moyenne taille; elles labouraient dans les terres fortes : l'une d'elles avait été faite dans la fabrique de M. de Meixmoron-Dombasle, à Nancy, et l'autre en était une fort bonne copie, faite à Bruère par le sieur Charles Robin. Ce maréchal avait aussi amené un râteau à cheval. Le concours du bétail contenait de belles bêtes à cornes, principalement de race charolaise; mais une douzaine de bêtes exposées par M. Auclerc surpassaient de beaucoup le reste. Il y avait aussi amené ses brebis croisées southdowns, suivies de leurs agneaux, provenant d'un bélier dishley ; ils étaient très-beaux. M. Frère, qui est des environs de Meaux, et qui a loué, il y a une douzaine d'années, une très-grande et bonne ferme près de M. Auclerc, y a créé un beau troupeau de métis mérinos , avec des brebis berrychonnes ; il l'avait exposé ; le reste des bêtes à laine ne méritait pas d'être cité.

M. le sous-préfet, le maire de Saint-Amand et quelques autres autorités, tous en grand uniforme brodé, ont assisté aux opérations du concours, et M. le duc de Mortemart, l plus grand propriétaire du département, est venu se joindre à ces messieurs pour la distribution des primes, très-modiques, mais fort nombreuses. Les assistants, habitants de la ville et des environs, formaient une foule très-considérable.

M. Durand m'a conduit, le 18 mai, chez M. Béraud, ancien élève et, depuis, professeur à l'école d'agriculture de Roville. Il a acheté, il y a déjà quelques années, une propriété de 350 hectares, traversée par la route de Lignières à Chezal-Benoît, commune où se trouve un ancien couvent, qui est occupé maintenant par un collége dirigé par des ecclésiastiques. M. Béraud a déjà défriché environ 50 hectares de fort bonnes Bruyères, formant à peu près moitié de l'étendue de celles qui existaient lorsqu'il a fait cette acquisition ; il a aussi labouré une partie des prés, qui se trouvaient être très-peu productifs ; il a desséché un étang assez considérable, dont il compte faire un pré ; il chaule ses anciennes terres à raison de 54 hectolitres ; la chaux est achetée fort près de chez lui, à raison de 1 franc. Il obtient, après le premier labour de défrichement, suivi de hersages et roulages d'un rouleau pesant, et une application de 4 hectolitres de noir animal, résidus de raffineries, qu'il fait venir de Paris pour 12 francs l'hectolitre rendu à la gare d'Issoudun, à 5 lieues de chez lui, par une excellente route, une bonne récolte de Seigle, allant, en moyenne, à une vingtaine d'hectolitres ; l'année suivante, il obtient, avec 2 hectolitres de noir, une superbe récolte d'Avoine d'hiver, produisant environ 40 hectolitres. La troisième récolte, ayant reçu 4 hectolitres de noir, produit de fort beau Colza, ou une belle récolte de Vesces d'hiver. Il fume, la quatrième année, avec 26,000 kilos de fumier, et ajoute encore 2 hectolitres de noir bien mélangé à la semence de Froment, qui se trouve

fort bien préparée pour donner une bonne récolte cette année. Nous avons vu, sur d'anciennes terres chaulées, de
fort beaux Trèfles et de belles Vesces.

La pluie nous a empêchés d'aller visiter les grands défrichements de Bruyères, qui ont été entrepris par M. Galicher,
ancien maître de forges; culture qui touche la propriété de
M. Béraud.

Je suis parti de là pour me rendre à Issoudun, ce qui m'a
fait traverser une partie des plaines de la Champagne du
Berry. Les fermes y sont formées d'une si grande étendue de
terre et, par suite, si peu fumées, que les récoltes y sont
tout ce qu'il y a de plus pitoyable, souvent même sur un
bon fond de terre qui a été épuisé par une longue suite de
cette misérable culture. Je me suis rendu d'Issoudun à Vierzon, et de là à 8 kilomètres plus loin, à la ferme-école d'Aubussay, dont M. Poisson, fermier venu des environs de
Juilly, est directeur et fermier; il était malheureusement
absent. Son chef de pratique agricole m'a fait voir la ferme
et ses environs; dans celle-là, j'ai vu de belles récoltes de
prairies artificielles et de Froments, ainsi qu'un beau troupeau de brebis de Berry, auxquelles on donne des béliers
anglo-mérinos et de l'espèce charmoise. La vacherie contient
des vaches de diverses races et un taureau durham.

Je suis allé de là chez M. Yver, à 2 lieues de l'autre côté
de Vierzon, sur la route d'Orléans. Il était aussi absent, mais
madame eut la bonté de me donner le maître valet, qui m'a
fait voir d'abord la ferme, qui ne contient, pour tout bétail,
que quinze chevaux et huit vaches à lait. M. Yver, ayant loué
le droit d'enlever les vidanges et les boues de la ville de Vierzon, qui peut avoir une population de six à sept mille âmes
intra-muros, a pensé que, dans un temps où le bétail était à
si vil prix, il valait mieux n'en pas avoir; il a donc fait établir, dans sa cour de ferme, deux énormes citernes à purin,
qui sont alimentées par une pompe donnant dans un excellent puits; on fertilise l'eau, d'abord avec les panses des
très-nombreux bœufs, veaux et moutons qui sont abattus

par les bouchers de Vierzon, qui envoient la viande de ces animaux à Paris, depuis que le chemin de fer existe. M. Yver a fait établir une pompe dans chacune de ces deux citernes, au moyen desquelles il peut, alternativement, arroser quatre grands tas de fumier qu'il a placés autour des citernes; ces tas de fumier sont composés de la paille de ses récoltes, qui ne peut être consommée, ni comme nourriture ni comme litière, par le petit nombre d'animaux qu'il tient. Il achète toute la suie de Vierzon, qui en produit à peu près 600 hectolitres par an; il s'est aussi assuré tout le sang des nombreuses boucheries de cette ville, qui en fournissent environ 450 hectolitres; il compose un excellent engrais en arrosant la suie avec le sang, dont on fait une espèce de mortier qui, étant séché et pulvérisé, est passé à la claie; 1 hectolitre de sang suffit pour abreuver 8 hectolitres de suie. Deux chevaux attelés, chacun, à un tombereau lui amènent, chaque jour, 4 mètres de boues de ville, lorsque les attelages ne peuvent être occupés autrement; on les envoie à Vierzon chercher des terres argilo-calcaires, sorties du tunnel du chemin de fer, qui existe près de la ville; on forme des composts, en les mélangeant, par moitié, avec les fumiers des chevaux de la ferme; les pailles de Colza, après avoir été étendues dans la cour pour être écrasées par les pieds des chevaux et les roues des voitures, sont mélangées avec la chaux qui a servi dans le gazomètre.

M. Yver achète aussi une certaine quantité de cendres de boulangerie, ainsi que celles provenant des fabriques de potasse, à raison de 15 fr. le mètre; celles qui ont été lessivées lui coûtent 6 fr. 50 c. On mélange une petite quantité de chaux à ces divers composts ou engrais; mais M. Yver n'a pas marné, car il n'a point de marne ni sur sa propriété ni près de là. Il pourrait chauler ses terres; mais il ne pense pas que le chaulage en grand convienne à l'amélioration des terres, quoiqu'elles manquent complétement de l'élément calcaire. Il n'emploie point de guano, qui, je crois, lui donnerait de bonnes récoltes à moins de moitié du prix que lui

coûtent celles venues sur fumures de boues de ville cher-
chées à plus de 2 lieues d'une bonne partie de ses terres.

M. Yver a essayé, sur une partie de ses Colzas, d'un nou-
vel engrais fabriqué par M. Mallet, qu'on doit employer à
raison de 20 hectolitres par hectare, et qui lui a été fourni à
condition que le fabricant se trouverait payé en recevant la
moitié du bénéfice net de la récolte. Je ne pense pas que la
part du fabricant puisse l'indemniser de la valeur de son engrais, car il y a à défalquer du produit brut le loyer de la
terre, les labours, semailles, l'emploi et le port de l'engrais,
deux sarclages coûtant chacun 25 fr.; enfin la moisson, le
battage, le nettoyage et le transport du Colza au marché. On
a laissé ici, jusqu'à cette heure, une distance de 75 centimètres d'une ligne de Colzas à l'autre; mais on compte dorénavant les semer à 50 centim. les unes des autres. M. Yver
cultive deux variétés de Colza, dont l'une a des fleurs à peu
près blanches, et l'autre est le Colza ordinaire, qui mûrit
huit jours avant l'autre; cela facilite la moisson. J'ai vu, dans
son jardin, plusieurs variétés de Colzas, qui paraissent bien
différentes les unes des autres soit par la couleur des fleurs,
soit par leur taille et le port de ces plantes; il étudie ces diverses variétés, afin d'en choisir les meilleures et celles qui
ne mûrissent pas tout à fait en même temps. J'ai parcouru
l'intérieur d'un champ considérable de Colza, dont une
grande partie m'a paru fort belle; mais il s'y trouve des tâches où les plantes sont bien inférieures à celles qui l'en-
tourent. Je ne sais à quoi attribuer cette infériorité, dissé-
minée dans bien des parties du champ où la terre n'a pas
l'air de changer de nature; je ne m'explique la chose qu'en
pensant que cela peut provenir de l'inégalité en fertilité des
boues de ville : celles qui proviennent des rues aboutissant
à l'extérieur de la ville contiennent beaucoup d'argile appor-
tée par les roues des paysans solognots, qui, venant de
suivre, lors du mauvais temps, leurs chemins de traverse pleins
d'ornières profondes et de fondrières, se déchargent sur le
pavé des rues de la ville. On applique 100 mètres cubes de

boues de ville par hectare, lorsqu'on cultive une terre pour la première fois, soit que ce soit une ancienne terre usée ou une Bruyère défrichée ; elles reviennent à 6 fr. 50 c. le mètre. Lorsqu'on fume une terre pour la seconde fois, on ne lui en donne plus que 80 mètres. Ces boues restent en tas pendant au moins six mois après avoir été amenées sur la propriété, et on les rebrasse deux fois pendant cet intervalle de temps, afin de les mélanger et d'en extraire les pierres et casseaux. On m'a dit qu'on estimait qu'il fallait 280 mètres de ces boues provenant d'une petite ville, pour obtenir la même fertilité contenue dans 100 mètres cubes de bon fumier.

J'ai admiré un champ de Vesce d'hiver, ainsi qu'un autre contenant du Trèfle ; ces plantes annonçaient une grande vigueur de végétation en général, mais contenaient aussi bien des tâches où elles sont fort mauvaises. Je pense qu'avec de pareilles fumures il serait encore plus essentiel d'avoir à sa disposition, au printemps, du guano du Pérou pour venir au secours des places inférieures au reste du champ.

J'ai aussi vu de fort belles récoltes de céréales, surtout d'Avoine d'hiver. J'ai regretté de ne pas voir de champ de Ray-Grass d'Italie, le meilleur des fourrages connus ; mais il ne viendrait bien dans ces terres qu'après un bon chaulage. La chose la plus essentielle serait, ici, le drainage, car toutes les terres sont à sous-sol d'argile imperméable ; on y a fait un très-grand nombre de vastes fossés. On y a employé pendant plusieurs années une espèce d'ingénieur, occupé à assainir les terres par de nombreuses rigoles assez profondes, pour emmener les eaux de pluie de la surface des champs ; mais, à chaque labour ou hersage, ces rigoles se trouvent, en partie, remplies de terre, qu'il faut de nouveau rejeter et répandre sur leurs côtés. On est ensuite obligé de former des planches bombées qui sont bordées de rigoles ; celles-ci doivent être entretenues, pendant l'hiver, de manière à pouvoir faire écouler les eaux : tout cela coûte plus qu'on ne

pense, et se renouvelle au moins une fois par an, et, en dé-
finitive, n'emmène que l'eau de la surface des terres, mais
nullement celle qui, se trouvant dans le sol, en remplit les
pores, où l'air chaud du printemps ne peut pénétrer. La terre
reste froide et a besoin, pour donner de bonnes récoltes, de
cultures plus coûteuses et de fumures bien plus copieuses
que si elle était véritablement assainie, tandis que le drainage, pouvant coûter au plus 200 fr. dans ces terres, dont le
sous-sol ne contient point de pierres, une fois bien fait,
n'exige aucun soin, aucun entretien. Mais, me dira-t-on, où
prendre les 200 fr. par hectare? Je répondrai d'abord qu'on
n'est pas forcé de faire tout à la fois, et que si M. Yver, depuis qu'il a commencé à améliorer ses terres, avait employé
du noir animal sur ses défrichements pendant trois ou quatre
ans, et du guano dans ces anciennes terres toutes les fois que
son fumier n'eût pas suffi, c'est-à-dire à la place de ses fumures de boues de ville qui lui reviennent, la première fois
qu'il fume, à 650 fr., et la deuxième à 530 fr.; la dépense
du guano eût été, dans le premier cas, de 150 fr. à raison de
500 kilog., et de 105 fr. dans le second. En admettant que
l'effet du guano ne dure que deux ans et celui des boues
quatre ans, ce que je pense être trop à l'avantage de ces dernières, il faudrait deux fois du guano : la première pour
300 fr., et la deuxième pour 210 ; alors on aurait économisé
dans les premières fumures 350 fr., en ne prenant pas de
boues de ville. Cette somme eût payé le drainage et encore le
chaulage, que je pense indispensable à ces terres, si l'on ne
continue pas à y employer des fumures extraordinaires, et je
suis certain que les deux fumures de guano eussent donné
de bien plus belles récoltes, pendant quatre ans, que la fumure unique de boues de ville, la plus forte des deux.
M. Yver se sert, pour ses défrichements, de la charrue-na-
vette inventée par M. de Valcourt et fabriquée à Grignon :
elle a le mérite d'éviter d'être forcé, en commençant chaque
planche, de verser la première tranche sur la Bruyère, qui en
laisse alors un peu sans être retournée et double l'épaisseur

du sol dans cet endroit. Il se sert d'un petit scarificateur à trois pieds, venu aussi de Grignon, qui est excellent pour détacher des gazons de la bruyère retournée la terre qui sert à bien couvrir la semence.

Je me suis rendu le lendemain au château de Loroy, situé à 8 lieues de Vierzon. Son propriétaire était absent; il cultive plus de 1,000 hectares, partagés en six fermes, qui contiennent 63 hectares de prés, environ 50 hectares de prairies artificielles, 27 hectares de Carottes, 12 de Betteraves, 10 en Rutabagas, 6 en Pommes de terre. Je ne sais pas combien on sèmera de Navets d'éteule, mais on en fait tous les ans une très-grande étendue, en leur donnant 300 kilogrammes de guano. Il y a plus de 40 hectares de Colzas, qui, généralement, sont fort beaux; s'il y a quelque chose à leur reprocher, c'est d'être en partie trop épais. On tient, dans cette admirable culture, environ soixante-dix belles vaches croisées durhams, normandes et charolaises, une trentaine de génisses de divers âges, à peu près autant de jeunes bœufs destinés à l'engraissement, quand ils arrivent à l'âge de trois ans. Il y a, dans ce nombreux bétail, trois taureaux, quatre vaches et autant de génisses de pur sang durham; j'ai oublié le nombre des veaux. On ne conservera, cet hiver, que cinq cents brebis, ainsi que les antenois et les agneaux; on engraisse les moutons âgés de deux ans. Ce troupeau provient de brebis du Crevant, avec des béliers dishley et southdown. On tient toujours vingt-cinq truies des races essex - napolitaine, leicester et berkshire; on engraisse leur progéniture de manière à les vendre vers l'âge de dix mois. On a défriché depuis quelques années plusieurs centaines d'hectares de Bruyères en très-bon fond, au moyen du noir animal, dont on mêle 4 hectolitres et demi avec la semence; on donne pendant quatre années consécutives la même dose de cet engrais, et l'on obtient ainsi quatre belles récoltes, qui sont du Seigle, Colza, Froment et Vesces d'hiver ou Avoine; celle-ci semée de préférence avant l'hiver. On marne ou l'on chaule ensuite, et l'on fume ou l'on donne 3 à 400 kilos de guano par hectare la cinquième année. On a déjà drainé plus de 100 hectares; cette immense amélioration a été commencée ici dans l'été de 1846. On avait importé alors une machine à faire des tuyaux, inventée par Aynslie; comme elle ne s'est pas trouvée solide, et qu'il existe à Bourges, qui n'est qu'à 7 lieues d'ici, une fabrique de tuyaux, on les fait venir de là : on en a commandé, cette année, cent mille, afin de continuer activement les drainages, tant on est content de ses effets.

Les Froments sont de toute beauté, mais j'ai oublié le nombre d'hectares qu'ils couvrent, ainsi que l'étendue en Avoines. On fait beaucoup de pâtures à moutons.

On a acheté, cette année, 11,000 kilos de tourteaux de Noix et un grand nombre de ceux de Colza, pour la nourriture du bétail et la fabrication de bon fumier. Je me suis rendu à Bourges et de là par le chemin de fer à Salbris, d'où l'omnibus m'a transporté au château de Trécy, à une lieue de Romorantin, chez M. Mariotte, ancien fabricant, qui est devenu, depuis une dizaine d'années, un excellent cultivateur. Sa terre, qui se compose d'environ 400 hectares, a déjà été singulièrement améliorée par lui; il a importé un troupeau de grandes brebis venant de la Bavière, et qui, étant gouverné par un bon berger bavarois, réussit à merveille. Quoi que les terres de Sologne soient généralement très-peu fertiles et à sous-sol imperméable, on ne donne à ces brebis que de la marne assez argileuse comme litière. M. Mariotte emploie 60 mètres cubes de cette marne, sortant de la bergerie, comme fumure de 1 hectare, et il obtient ensuite de plus belles récoltes de Froment qu'avec quarante-cinq à cinquante voitures à un cheval de fumier, qui lui est amené de Romorantin, à raison de 5 francs l'une. Ce pays est infesté de chiendent. M. Mariotte fait suivre ses charrues et herses par des femmes et enfants, pour le ramasser soigneusement, comme cela se fait en Angleterre, lorsqu'un bon fermier entre dans une ferme qui a été mal menée. Cette opération lui revient à environ 25 francs par hectare. Il fait sarcler ses

Froments à la main, au moyen d'une dépense à peu près pareille. J'ai vu à Trécy un petit champ de Maïs pour graine, planté avec des Haricots, des Betteraves et des Rutabagas; il fait aussi du Maïs comme fourrage vert, et s'en trouve fort bien.

M. Mariotte a défriché toutes ses Bruyères, en les amendant aussi avec 4 ou 5 hectolitres de noir animal mêlé à la semence. Il vient d'acheter une machine de Calla à faire des tuyaux; elle lui a coûté 450 francs, prise au chemin de fer à Paris; il l'a remise à un tuilier de Romorantin, qui doit la payer en tuyaux. M. Mariotte avait, depuis plusieurs années, proposé à des propriétaires-cultivateurs de ce pays de se joindre à lui pour acheter une machine à fabriquer des tuyaux, dont il payerait le quart et même la moitié du prix, et, n'ayant pu les décider, il a fini par en faire, à lui seul, l'acquisition. Il va se mettre à drainer, cet automne, lorsqu'il aura des tuyaux et que la moisson sera terminée. Il vient de faire un essai de guano, dont il a fait venir, l'an dernier, 1,000 kilos, et, cela a si bien réussi, qu'il va en faire une acquisition plus considérable pour cet automne.

Je suis allé faire une visite à M. de Beauchêne, qui habite à 3 kilomètres de chez M. Mariotte; M. de Beauchêne, depuis que la république lui a ôté sa place de président du tribunal de première instance siégeant à Romorantin, cultive une trentaine d'hectares des plus mauvaises terres de sa propriété qui est située en Sologne. Il a retiré ces terres de trois métairies qui en avaient une trop grande étendue, et il compte encore augmenter d'une vingtaine d'hectares sa réserve. Un des trois métayers étant fort âgé, M. de Beauchêne n'a pas voulu le renvoyer, quoi qu'il cultive fort mal. La plus grande des deux autres métairies a une étendue de 120 hectares; le métayer est fort entendu pour les soins à donner à son bétail, ainsi que pour la vente et l'achat des bêtes, et, quoiqu'il cultive bien pour un Solognot, la moitié du produit de ce domaine ne donne au propriétaire que 2,500 francs, tandis que le troisième, dont l'étendue n'est que de 50 hectares, dont 5 sont d'assez bons prés, lui donne un revenu de 2,000 francs; mais le métayer est très-soigneux et fort docile; il suit donc à la lettre les recommandations de son propriétaire, ce qui est profitable à tous deux. Ces braves gens finissent, au bout d'une couple d'années, par suivre, en petit, les bons exemples que leur donne le propriétaire; ils font donc des Pommes de terre, des Betteraves, des Rutabagas et des Choux branchus du Poitou, dont M. de Beauchêne leur fournit le plant, et enfin une assez grande étendue de Navets en récolte dérobée. Il les a amenés à acheter des bœufs assez forts pour pouvoir labourer à deux avec une charrue américaine, au lieu de faire comme les fermiers du pays, qui élèvent des jeunes bœufs, provenant de mauvaises petites vaches de Sologne, qui sont saillies par leurs produits, lorsque ceux-ci sont arrivés à l'âge de quinze ou dix-huit mois, et sans que le fermier se donne la peine de choisir le moins mauvais de ces taurillons, qui, dans le centre de la France, ne sont bistournés que lorsqu'ils ont presque toute leur taille. Ces fermiers se servent encore de l'araire, qui est un énorme binot; ils y attellent huit à dix de ces pauvres bêtes, pour labourer leurs sables. Les deux métayers de M. de Beauchêne marnent leurs terres et y sèment du Froment ou du Méteil en place de Seigle, des Trèfles rouges, incarnats et Lupulines. Celui de la petite métairie a semé en Luzerne et en Lupuline la meilleure partie d'un champ; venant de traverser ce champ, et y ayant remarqué qu'une partie en était bien meilleure que le reste, j'entrai dans la ferme pour en demander la raison; l'on me répondit que M. de Beauchêne avait recommandé de semer, sur la jeune Luzerne, de la suie; comme il en était resté, on l'avait semée sur une partie de la Lupuline, qui valait maintenant bien le double de l'autre; le champ avait été préalablement marné, sans quoi ces prairies artificielles ne fussent pas venues. Les bœufs, après avoir terminé les semailles de céréales d'hiver, sont mis à l'engrais, ce qui fait qu'on ne les nourrit pas inutilement pendant la morte-saison, et qu'on fait d'excellent fumier au lieu de fumier détestable, provenant en grande partie d'une nourriture de paille. Les bœufs à l'engrais reçoivent ici un mélange formé de moitié foin et paille hachés, arrosé avec un bouillon fait avec des racines; vers la moitié de l'engrais, on ajoute du son, des farines de criblures de grains ou de sarrasin, des tourteaux, le tout bien bouilli avec des racines, comme M. de Beauchêne leur en avait donné d'abord l'exemple.

J'ai vu dans de mauvais sables qui longent des bois de Pins que M. de Beauchêne a semés il y a plus de vingt ans, parce qu'il les trouvait trop mauvais pour être cultivés, ces terres sableuses sortant des mains d'un métayer qui les négligeait, en ayant trop d'autres et les trouvant trop éloignées de sa ferme; j'y ai vu, dis-je, une fort belle récolte de Trèfle incarnat mêlé de Vesces d'hiver; pour obtenir ce résultat, M. de Beauchêne avait d'abord marné cette pièce, et y avait ensuite amené 50 mètres cubes, par hectare, de terre noire de Bruyère prise sur les bords de fossés d'écoulement qui traversent ses terres. Dans la même pièce, aussi marnée, il avait semé une Luzerne en même temps que 30 à 40 hectolitres de suie; cette Luzerne est venue fort bien pendant deux ans, et après cela elle a faibli, excepté dans les endroits du champ où les petits tas de suie avaient été déposés en sortant du tombereau, en attendant qu'on les répandît sur la terre; comme il s'en trouvait plus sur ces emplacements qu'ailleurs, la Luzerne y était restée très-vigoureuse. On peut conclure de là qu'il eût fallu ajouter une nouvelle fumure, la deuxième ou, au plus tard, au commencement de la troisième année, pour conserver une bonne Luzerne pendant quatre ou cinq ans. Je pense que deux ou même trois fumures, qui eussent exigé 100 hectol. de suie à 1 fr. 50 cent. et auraient produit dix bonnes récoltes de fourrage en cinq années, tout en améliorant beaucoup le sol, eussent été un argent employé d'une manière bien profitable.

M. de Beauchêne a appris, par hasard, que le plâtre, répandu sur une terre humide et par suite froide, où habituel-

lement il ne produit aucun effet, donne, lorsqu'on le sème
sur les prairies artificielles au moment où elles commencent
à couvrir la terre, les meilleurs résultats, si, par une tem-
pérature chaude et humide, il applique le plâtre sur ce
genre de terre, après la première coupe de ses prairies artificielles, et il en obtient ainsi de fort bons effets; il en met
3 héctol. par hectare. J'ai vu chez lui des Choux branchus, avancés en fleur, passer avec de la paille par le hache-
paille, pour servir de nourriture à ses vaches laitières. Il
a un jeune taureau de race schwitz, qui lui a produit de
fort jolies génisses, ressemblant plus au père qu'à leur
mère. Lui et ses métayers achètent des bœufs de travail
très-maigres, afin de les avoir à meilleur marché; ils ne leur
font faire qu'une attelée par jour, en les nourrissant comme
je l'ai indiqué ci-dessus, et, au bout de trois ou quatre mois,
ils se remettent en assez bon état pour pouvoir être mis à
l'engrais avec avantage.

Je suis allé, de chez M. de Beauchêne, chez M. Julien, qui
demeure à 1 lieue de là. Ce monsieur habitait Paris avant
d'acheter, il y a dix ans, cette terre d'environ 700 hectares.
Moitié de cette grande étendue consiste en terres de Sologne,
et le reste se composait d'un vaste marais, de prés humides
très-considérables, enfin de Bruyères en bon fond sur un
sous-sol d'excellente marne. La petite rivière de Rère, se
trouvant partagée en trois branches tortueuses, inondait
cette plaine et en formait un marais, sur un fond de la plus
grande fertilité. M. Julien, n'ayant alors que vingt-trois ans
et pas la moindre connaissance en agriculture, reconnut cependant que le desséchement de ce marais, en redressant
le cours de sa rivière et en donnant l'écoulement nécessaire
à ses eaux, lui donnerait une terre très-riche. Il acheta cette
propriété et vint s'y fixer; il a, depuis lors, fait de grands travaux et desséché une notable partie du marais, qui est maintenant couverte de Froments, de Colzas, de Navettes d'hiver
et de Vesces magnifiques. Le sol est assez fort et d'une couleur noire; mais il lui reste encore bien de l'ouvrage à faire.

pour terminer le complet desséchement du marais. Néanmoins les beaux résultats obtenus jusqu'à présent l'encouragent à continuer cette remarquable et très-utile opération. M. Julien a aussi défriché et marné une assez grande étendue de ces Bruyères : elles lui ont fourni d'excellentes terres légères, sur lesquelles j'ai vu de belles récoltes, Il a trois grandes métairies dont il ne s'est pas encore occupé, ayant assez à faire pour arranger convenablement les deux dont il a formé son exploitation. M. Julien profite de l'expérience de son voisin M. de Beauchêne, et l'imite en plusieurs choses; il achète, comme lui, des bœufs maigres qu'il remet en bon état, en les nourrissant bien et en ne leur faisant faire qu'une attelée par jour, et il les met en graisse lorsqu'ils sont arrivés au point convenable, les remplaçant par d'autres bœufs maigres. Il vient d'acheter, au château de la Motte-Beuvron, un verrat d'espèce new-leicester, pour le donner à ses truies solognotes. Il a formé un beau parc à l'anglaise autour de son habitation, tant en profitant des bois et pâtureaux existants dans la propriété qu'en y plantant de beaux arbres et arbustes. J'ai vu, chez lui, du Ray-grass d'Italie, qui avait déjà 1 mètre de hauteur, avant d'être monté en tiges, étant, en même temps, d'une extrême épaisseur.

Jusqu'à cette heure, un véritable inconvénient de sa propriété est d'avoir des chemins impraticables pour gagner les deux routes de Romorantin à Salbris et de Tours à Vierzon, dont il n'est qu'à environ 4 kilomètres. Madame Julien la mère est venue acheter un domaine touchant la terre de son fils, et s'y est bâti une maison de campagne. Il paraît inconceyable que les propriétaires voisins, en amont et en aval, de M. Julien, qui ont aussi des marais formés par la Rère, ne s'occupent point de profiter du bon exemple qu'il leur a donné. M. Ouvrard, dont le château se trouve entouré d'environ 2,000 hectares de bois, terres, près, Bruyères et marais, et qui y est fixé depuis plus de quarante ans, ne s'occupe d'aucune amélioration.

M. Julien a payé cette terre de 700 hectares 220,000 fr. en 1842. C'est à peu près 314 francs l'hectare.

M. Mariotte m'a conduit, le lendemain, chez M. du Pan, un Génevois qui a acheté, il y a quelques années, la terre de la Maison-Blanche, à 1 lieue de l'autre côté de la ville de Romorantin. Ce monsieur continue vigoureusement les améliorations commencées par ses prédécesseurs; il achète tous les engrais qu'il se peut procurer à Romorantin; il en fait venir des vidanges, avec lesquelles il animalise l'excellente marne qu'il trouve presque à fleur de terre dans une partie de sa propriété. Il met 1 hectolitre de vidanges par mètre cube de marne, ou brasse le tout en y ajoutant des aiguilles de Pins maritimes, afin de rendre cet engrais plus friable. 60 mètres de ce compost par hectare lui assurent d'excellentes récoltes de Froment, partout où l'humidité du sol ne détruit pas les plantes en hiver. M. du Pan est certain des excellents résultats du drainage, et il compte s'en occuper avec suite et persévérance; il projette d'établir des prés considérables, qu'il compte irriguer avec les eaux d'hiver, conservées dans un étang qui se trouve placé sur un plateau assez élevé.

L'an dernier, environ deux cent cinquante chevaux ont été abattus sur sa propriété et partagés en grands morceaux pour 3 francs par tête; il les fait enfouir dans des composts de bonne terre. M. du Pan avait fait faire, par un tuilier, des tuyaux de drainage à la main, avant que M. Mariotte n'ait fourni une machine à ce tuilier; ces tuyaux lui avaient été comptés 50 francs le mille; ils étaient très-mal faits et peu solides. Ce tuilier a construit un petit four à chaux et la vend 1 fr. 25 c. l'hectolitre, tout en la cuisant avec des fagots de Pins, qui dans ce pays-ci ont une très-petite valeur. Si ce tuilier avait pu monter un four à chaux continu d'une bonne dimension, il pourrait la donner à meilleur marché et cependant y gagner davantage, Romorantin ne se trouvant qu'à 8 kilomètres du canal du Berry, par lequel on peut faire venir, de Commentry, de l'anthracite, dont un hectolitre en cuit 5 de chaux.

M. Mariotte m'a conduit ensuite chez **M.** Gautier, ancien notaire, qui s'occupe d'améliorer ses propriétés. Il avait acheté, il y a quelques années, près de la ville, deux grands étangs, dont l'un a été transformé par lui en pré; une partie pourra être irriguée. Le second étang se trouve couvert d'une superbe récolte de Froment, qui paraît devoir produire une trentaine d'hectolitres par hectare. M. Gautier n'a, pour cette culture, qu'un laboureur marié et deux bons chevaux. Lorsque ses travaux sont en retard, il loue un attelage à Romorantin. Il a un bon berger qui conduit un troupeau de trois cents moutons, et dont la femme conduit le second troupeau; on engraisse ces bêtes sur un bon pâturage semé dans une partie de ces étangs et sur les regains du pré. **M.** Gautier, qui demeure à la ville, se rend souvent dans cette propriété. Elle se compose de 48 hectares, qu'il a déjà complétement marnés, à raison de 100 mètres l'hectare, en prenant la marne dans une autre propriété qu'il possède non loin de là. Ce marnage lui a coûté 50 francs par hectare pour tout faire, c'est-à-dire extraire la marne qui est à fleur de terre, la charger, la conduire, la décharger et la répandre, c'est-à-dire 50 centimes le mètre cube. L'assainissement de ces étangs au moyen de fossés, le marnage et de bonnes fumures ont rendu cette ferme très-productive, tout en assainissant l'air, qui, dans ce pays, est sujet à donner, en automne, des fièvres causées, en partie, par une grande quantité d'étangs, de marais, par d'immenses Bruyères et autres terres incultes.

Nous sommes encore allés visiter un métayer, demeurant dans le voisinage, qui passe pour être un des meilleurs cultivateurs de cette classe; nous y avons vu un fort beau Colza venu sur une Bruyère nouvellement défrichée, de très-bons Froments aussi sur défrichements, tout ayant été marné. Il y avait encore de beau Seigle, un mauvais Colza semé sur une ancienne terre non fumée, un grand champ qui avait été semé, l'année précédente, pour former un pâturage. Il est devenu si beau, qu'il va d'abord le faucher avant d'y

mettre son troupeau, qui ne se compose que de brebis
et d'agneaux d'espèce solognote; puisqu'il peut bien le
nourrir, il lui faudrait un bélier southdown. Le lendemain,
j'ai visité M. Leroux, ancien commissionnaire de marine,
au Havre, qui, au moment de se retirer des affaires, est venu
acheter la ferme du Liau, contenant environ 100 hectares
de terres sablonneuses, à sous-sol imperméable; il ne s'y
trouve ni bois, ni prés, ni Bruyères, ni pâtureaux, tout ayant
été défriché par l'ancien propriétaire: celui-ci avait aussi
tout usé, à l'exception d'un ancien étang desséché, qui,
étant en terre forte, a encore une certaine fertilité. Cette
propriété se trouve à 8 kilomètres de Romorantin et à 2
des bords du Cher, près de Villefranche. M. Leroux n'a
pu se fixer ici qu'il y a deux ans; il avait mis, pendant les
trois années précédentes, dans la ferme, comme régisseur,
une personne des environs de Tours, qui n'avait pas toutes
les connaissances nécessaires pour remettre cette terre usée
en bon état. Heureusement que M. Leroux connaissait le
mérite du guano du Pérou et qu'il en a envoyé une bonne
quantité au Liau; ce qui a permis de faire venir de bonnes prairies artificielles, avec lesquelles on a pu nourrir du bétail et
faire beaucoup de fumier, afin de remettre la terre en bon
état. M. Leroux avait payé cette propriété 800 francs l'hectare,
ce qui était beaucoup trop cher; mais, comme il est très-in-
telligent, fort actif et peut faire toutes les dépenses utiles, il
est en train de faire une bonne propriété de cette ferme
qu'on avait si maltraitée. Il met alternativement une fumure
de guano, composée de 500 kilog. par hectare, laquelle
donne deux fort belles récoltes, dont une en céréales et
l'autre en racines ou fourrages, ensuite une bonne fumure
de fumier provenant de bêtes bien nourries, qui dure aussi
deux ans. J'ai vu, chez M. Leroux, de grands champs de
Trèfle incarnat, les plus beaux que j'aie jamais vus, tant
pour leur hauteur que pour leur épaisseur et pour leur couleur d'un vert foncé, des Vesces d'hiver et du Trèfle rouge
très-beaux. Les récoltes sarclées étaient encore trop jeunes

pour qu'on pût les juger. M. Leroux a 20 hectares de Froments qui sont tous fort beaux; mais dont moitié, faits sur
ses meilleures terres, ont près de 4 pieds de haut, quoique
n'étant pas épiés: ils sont d'un vert si foncé et leurs feuilles
sont si larges, qu'il est à craindre qu'ils ne versent. Les autres, faits en terres sablonneuses usées, donneront assurément
une bonne récolte; ce qui est dû au marnage et surtout au
guano, que M. Leroux emploie à raison de 500 kilog. par
hectare, avec une dépense de 150 francs pour cet engrais
rendu chez lui. Le fumier y est employé à raison de
40,000 kilog. J'ai trouvé les Froments de M. Mariotte, qui
ont reçu cinquante voitures à un cheval de fumier d'auberge,
lequel revient, rendu chez lui, à 5 francs l'une, la fumure
d'un hectare coûtant donc 250 francs, décidément moins
beaux que ceux de M. Leroux, et cela en terres de pareille
nature. Les Avoines de cette dernière ferme s'annonçaient
devoir être aussi belles que le Froment.

J'ai appris de M. Leroux que la maison Montané, de Bordeaux, était devenue l'agent du gouvernement péruvien
pour le placement du guano des îles Chincha en France,
comme la maison Gibs de Londres en est chargée depuis
plusieurs années pour l'Angleterre. La maison Montané ne
détaille pas cet excellent engrais ; elle n'en vend pas au-dessous de 300,000 kilog. à la fois; et, afin d'éviter les fraudes,
elle ne traite qu'avec des maisons au-dessus de tout soupçon
de manque de délicatesse, et elle exige d'elles que le guano
soit mis en sacs cousus, en dedans, de trois côtés et faufilés
du quatrième, de manière à ce que les deux bouts de la fi-
celle qui ferme les sacs soient réunis par un plomb estam-
pillé à son nom. Il s'ensuit que le contenu du sac ne peut
être changé sans que cela ne soit apparent. On peut donc
acheter, en toute confiance, du guano garni d'un plomb mar-
qué au nom de la maison Montané.

Voici les noms de celles qui reçoivent le guano de la maison Montané, Pourman et fils, à Bordeaux : à Nantes, Maës;
à Saint-Malo, Blaise et compagnie ; au Havre, Mosneron-Du-

pin; à Melun, Angenoust; à Dunkerque, **MM. Richard et Moissant.** Je ne connais pas la maison de Marseille qui reçoit le guano. Le prix de cet engrais, dans les ports français, en 1853, est de 260 francs la tonne, ou **1,000 kilog.**

M. Leroux a acheté une fois du guano de Patagonie, n'en trouvant point d'autre alors au Havre, il l'a payé un peu moins cher que celui du Pérou; mais, employé en même quantité, il n'a produit que des récoltes manquées. Lorsqu'il a acheté le Liau, il n'y a trouvé que quatre bœufs, une demi-douzaine de vaches avec quelques tristes élèves, et une cinquantaine de pauvres brebis : il y tient maintenant une dizaine de chevaux ou juments, autant de poulains; quatre bœufs, dont deux qu'il a élevés sont très-gros; six cents bêtes à laine, les agneaux et antenois compris. Ces bêtes proviennent du croisement de brebis solognotes, servies par des béliers mérinos, dont deux sont venus d'Espagne et deux ont été achetés par lui chez M. Dargent, propriétaire-cultivateur près de Fécamp, dont le troupeau de pur sang mérinos a d'excellentes formes; il a le mérite de s'engraisser facilement et d'être précoce dans sa croissance. Les sept fortes vaches qu'on a ici, lorsqu'elles vont au pâturage sur les regains, sont tenues au piquet comme cela se fait en Normandie, au lieu d'être lâchées; ce qui a l'avantage de les empêcher de gâter plus d'herbe en parcourant les herbages qu'elles n'en consomment, de ne pas s'estropier les unes aux autres, ce qui arrive assez fréquemment lorsqu'elles sont en complète liberté. Toutefois la meilleure manière de nourrir le bétail adulte est de le tenir à l'étable toute l'année : on peut alors en entretenir un bon tiers ou moitié de plus que lorsqu'il va à la pâture; mais, dans ce cas, on fera bien d'avoir une place entourée de poteaux, réunis par de gros fils de fer, dont le sol est couvert de fumier long ou de toute autre litière. On y lâche les vaches pendant la nuit quand il fait très-chaud, ou bien entre les heures de repas lorsqu'il ne fait ni froid ni trop chaud. Quant aux élèves de bêtes à cornes et les poulains, il faut leur consacrer de petits enclos gazonnés, contenant une loge où il y a un râtelier et une mangeoire, qui recevront la nourriture des jeunes bêtes, car les enclos, n'étant que peu étendus, seront bientôt piétinés de manière à ne plus contribuer à l'existence des animaux; cette jeunesse y prendra un exercice suffisant pour sa croissance et sa santé, elle ne devra y rester que dans la bonne saison.

M. Leroux a un verger de Pommiers à cidre plantés il y a deux ans; ces jeunes arbres viennent très-bien dans une terre fort maigre; mais il leur a fait faire de très-grands trous, où l'on a mis des gazons de Bruyère. On pioche tous les ans au pied des arbres, et on répand sur la même étendue, après cette culture, épais comme la largeur de la main, d'aiguilles de Pins maritimes, ce qui conserve la terre meuble et fraîche; si l'on ne disposait point d'aiguilles d'arbres résineux, on pourrait la remplacer par des fagots de Bruyères ou par de la paille qu'on y maintiendrait, en la couvrant de pierres ou de grosses mottes de terre dure. Cette couverture empêche aussi les mauvaises herbes d'y pousser; c'est un soin en usage chez tous les cultivateurs normands, qu'on ne saurait assez recommander.

Je me suis rendu du Liau chez M. Chavannes, frère du raffineur d'Orléans; il a acheté, il y a quatre ans, une propriété d'environ 200 hectares, dont 50 avaient été défrichés il y a douze ou quinze ans : le reste était en bonnes Bruyères. L'ancien propriétaire y avait construit une maison de maître et deux petites fermes; il a été forcé de vendre ce bien, que le propriétaire actuel a payé 50,000 fr. M. Chavannes a, depuis lors, défriché 125 hectares, sur lesquels j'en ai admiré environ 40 couverts de très-beaux Colzas, dont une partie a été repiquée et surpasse le reste. M. Chavannes, qui est aidé dans ses travaux agricoles par son fils, défriche ses Bruyères de la manière suivante : il les fait d'abord piocher à tranche ouverte; cela coûte 100 fr. par hectare, car ce sont de grandes Bruyères à fleurs blanches, dont les racines sont fort grosses et servent à faire du charbon. Les défricheurs sont obligés de les séparer des gazons et de les mettre en tas ; on herse souvent ce piochis pour en réduire le plus possible les énormes mottes ou gazons , ensuite on laboure en planches bombées, afin de mettre le plus possible à l'abri de l'humidité. On herse de nouveau ; on mêle ensuite 6 litres de graine de Colza avec 5 hectolitres de noir animal venu des raffineries de Paris : ce mélange est semé en passant trois fois sur tout le champ. On herse ensuite, on cure les raies entre les planches et celles qui sont nécessaires pour l'écoulement de l'eau, laquelle détruirait le Colza. Cette petite quantité de semence donne une levée assez claire pour que les plantes ne se gênent pas, deviennent plus branchues et grènent bien mieux que dans presque tous les autres semis que j'ai vus, où les Colzas sont trop épais. Les 40 hectares de Colza de cette année ont été faits en partie sur première, et l'autre sur troisième année de défrichement, et ils m'ont paru aussi bons les uns que les autres ; ces messieurs sèment quelquefois du Froment sur première année de défrichement ; j'ai vu aussi du Colza venu en seconde récolte qui n'était pas différent des autres. J'ai trouvé les 20 hectares de Froments superbes ; il y en avait dans la pièce un morceau en première récolte qui était fort bon, mais ces messieurs préfèrent de le mettre après Colza venu sur défrichement. J'ai vu, dans les terres défrichées par leur prédécesseur, de belles Vesces d'hiver, du Ray-Grass d'Italie, du Moha, du Maïs-fourrage et de la Luzerne. Ils n'ont pas encore de marnière sur leur propriété ; mais il en existe dans plusieurs propriétés voisines, à environ 1 kilomètre.

Les bons exemples donnés par M. Leroux les décident à faire venir du guano pour fertiliser leurs vieilles terres, en attendant que leurs défrichements, après trois ou quatre récoltes venues sur noir animal, aient besoin d'autres engrais. Ces messieurs attellent quatre chevaux à des charrues Dombasle pour les premiers labours ; ils ne s'étaient jamais occupés de culture, mais leurs magnifiques résultats ont décidé M. Chavannes le fils à s'adonner complétement à la culture de cette propriété. Leur moisson de Colza est donnée à l'entreprise à un homme qui reçoit 1 fr. 50 c. par hectolitre de Colza battu sans avoir été mis en meules. Si le temps force de mettre en meules le Colza pour le battre après la fin de la moisson, dans ce cas l'entrepreneur reçoit 1 fr. 75 c. par hectolitre.

J'ai appris, à Romorantin, que M. Martine, connu pour ses succès comme éleveur et engraisseur de moutons croisés dishleys, avec lesquels il a remporté beaucoup de primes à Poissy, venait d'acheter une propriété bâtie de 220 hectares, dans la commune de Millançay. Cette propriété a été payée à raison de 800 à 1,000 fr. pour les prés, de 400 fr. pour les semis de Pins âgés de douze à quinze ans, et de 200 à 250 fr. pour les terres, le tout par hectare.

Je me rendis au château de Montgiron, chez M. le comte d'Épinay-Saint-Luc, qui me fit parcourir une partie des considérables plantations de bois et semis de Pins maritimes qu'il a faites depuis une vingtaine d'années; il me dit que, dans le principe, il avait semé les Pins beaucoup trop épais, et qu'il avait appris, à ses dépens, qu'il ne faut semer que de 6 à 9 kilog., au plus, par hectare, de cette graine, à laquelle il ajoute 250 grammes de graines de Pins d'Écosse ou de Pins noirs d'Autriche; ces derniers sont préférables. Il ne vend plus ses cordes à charbon faites avec les éclaircissages de Pins que 5 fr. au lieu de 6 fr. qu'elles valaient avant 1848.

Le cent de bourrées de branches de Pins ne peut se vendre que 2 f. 25, et la façon revient à 1 f. 75; il ne reste donc que 50 cent. pour le bois. Lorsqu'il a des Glands, il en sème 1 hectolitre 1/2 par hectare, en même temps que les Pins.

M. Thimoléon, fils aîné du comte d'Épinay-Saint-Luc, m'a conduit dans une ferme qu'il fait valoir depuis quelques années; il marne ses terres avec un fort bon résultat; mais, comme le mètre cube de marne lui coûte, rendu dans la ferme, 5 fr., il n'en met que 35 mètres cubes par hectare : je pense qu'il en faudrait, pour bien faire, au moins 50 mètres, et que 100 mètres, avec des labours profonds, vaudraient infiniment mieux. Son faible marnage lui revient, sans l'épandage, à 175 francs, car la marnière, qui est à 12 kilomètres, ne lui appartient pas, et je crois que s'il achetait une carrière de pierres à chaux, près de Villefranche, bourg situé sur les bords du canal du Cher, qui lui amènerait l'anthracite de Montluçon, il pourrait avoir de la chaux à 60 ou 70 centimes l'hectolitre prise à 16 kilomètres de chez lui. Par ce moyen, il pourrait faire un chaulage de 100 hectol. qui ferait plus d'effet que son léger marnage et ne lui coûterait guère que la moitié de ce dernier.

J'ai engagé M. Thimoléon à aller visiter M. Leroux, car je pense que, lorsqu'il aurait vu les très-remarquables résultats de l'emploi du guano, il se déciderait à en faire venir ; cela lui permettrait d'utiliser toutes ses terres, tout en augmentant infiniment le produit de ses récoltes. Il vient de faire un essai de noir animal sur défrichement de Bruyères, et s'en est si bien trouvé, que lui et deux de messieurs ses frères vont faire des défrichements ; plusieurs de leurs métayers leur ont demandé du noir, afin de défricher aussi des Bruyères. J'ai vu, dans sa ferme, de fort beau Trèfle incarnat et de belles Avoines et Vesces d'hiver. M. Thimoléon possède 700 hectares d'un seul tenant ; comme il n'est pas content des élèves provenant d'un taureau et de vaches de Sologne, il n'élèvera plus de bêtes bovines et il augmentera le nombre de ses brebis.

M. le comte de Beaurecueil, propriétaire d'une grande terre touchant celle de Montgiron, y a fait de grands défrichements de Bruyères au moyen du noir animal.

Je suis allé de Montgiron au château de Cour-Cheverny, demeure du marquis de Vibraye, lequel était encore à Paris ; le jardinier m'a fait voir, dans le parc, des arbres résineux d'espèces rares, tels que *Taxodium sempervirens*, arbre devenant d'une taille gigantesque et qui repousse lorsqu'il est coupé près de terre , contrairement aux autres arbres résineux ; il a aussi le mérite de venir de boutures. Un jeune sujet de cette espèce, quoique âgé seulement de huit ans, a donné beaucoup de bonnes graines. L'*Abies Douglasis* a donné ici aussi de la graine à l'âge de huit ans , mais on a été obligé de le féconder artificiellement en prenant du pollen les deux jours où il est disponible, et en en mettant au moyen d'un pinceau ; on relève , à cet effet , le jeune cône herbacé la pointe en l'air, pour y appliquer le pollen. J'ai admiré ensuite le Cèdre Déodora ou de l'Himalaya, le *Cryptomeria japonica* , les Pins *ponderosa, Benthamania, Rousselliana, Fraseria*, de Caramanie; celui-ci, âgé de quinze ans, a déjà 1 mètre de circonférence à 25 pieds de terre. Le plus gros des arbres verts est le *Pinus macrocarpa*; ici, à l'âge de huit ans, il a déjà 7 mètres de haut et 64 centimètres de tour près de terre. Le *Sequoia*, âgé aussi de huit ans, a environ 6 mètres de haut et 60 centimètres de tour; il a fourni , à l'âge de sept ans, trente mille graines, dont les deux tiers ont été semés à Cheverny, et neuf mille , estimées à **100** francs le mille , troquées, avec M. Vilmorin , contre quinze cents graines de *Ponderosa*, dont le prix est coté sur le catalogue à **600** francs les mille graines. Un Pin *ponderosa*, bien moins vigoureux que ses frères, est, ici, couvert de graines.

Le *Deodora* que j'ai mesuré est du même âge que les précédents; il a 6 mètres de haut et 46 centimètres de tour , ainsi que l'*Abies Douglasis*. J'ai encore admiré le *Pin sapo*, le *Pinus insignis* , le *Sabiniana*. Le *Virgilia lutea* est un arbre à fleurs blanches en grappes.

Le jardinier m'a conduit ensuite hors du parc pour me faire voir un petit pavillon que M. de Vibraye a fait construire au-dessous d'une belle et abondante source. L'intérieur du pavillon est garni, de trois côtés, d'une espèce d'escalier dont chaque marche forme un petit réservoir de la largeur de 15 à 25 centimètres; le fond du pavillon forme deux réservoirs plus étendus. L'eau de la source alimente tous ces réservoirs dont le fond est garni de petits cailloux. J'ai vu dans les plus grands bassins un certain nombre de grandes lamproies, de petits saumons et des truites dans les autres, ces derniers sont éclos ici. On nourrit les lamproies avec des intestins de volailles, du sang de grenouilles. Ces gros poissons, ressemblant, pour la forme, à des anguilles, étaient attachés aux parois des bassins comme les sangsues se fixent après le verre du bocal qui les contient. Ces lamproies sont, ici, pour donner du frai; quant à celui de truites, il est venu des environs de Vendôme.

Je me suis rendu ensuite au château de Nozieu, chez M. Adolphe Salvat, à 2 lieues de Blois. J'ai vu, comme lors des nombreuses visites que je lui ai faites, de superbes récoltes en tout genre. M. Salvat va repiquer des Betteraves sur un grand champ dont le Trèfle incarnat a été consommé en vert. Une partie de ces racines, qui a été élevée en pépinière, est de l'espèce blanche de Silésie; une partie est des Globes jaunes, et enfin les autres proviennent d'une hybridation entre des semenceaux de la grande jaune d'Allemagne avec des Disettes. Je lui en ai donné un peu de graine venue de chez M. Deghuelder, négociant à Thourout, ville de la Flandre belge, lequel a créé cette variété, qui est très-productive. MM. Salvat font cas de cette variété. M. Adolphe préfère les Choux cavaliers aux branchus du Poitou. Il cultive quatre des variétés de Pommes de terre anglaises que j'ai rapportées en 1851; elles sont toutes quatre d'espèce hâtive; il cultive une assez grande étendue de *tubercules* et de Carottes. M. Salvat m'a dit qu'un M. Noël, habitant de Paris, avait acquis un ancien *démembrement de la terre* de Menard, et que les frères Simon, connus comme d'habiles irrigateurs, étaient occupés à établir de grandes irrigations dans sa terre.

MM. Salvat ont donné les premiers, dans le centre de la France, le bon exemple de l'emploi du guano, les premiers essais de cet engrais ayant été faits par leur père il y a dix ou douze ans. Aussi cet inestimable engrais, qu'ils font venir, depuis lors, de la maison Maës, de Nantes, qui le tire de l'agent du gouvernement péruvien M. Montané, porte-t-il le plomb de cette dernière maison, ce qui assure l'acquéreur contre toute fraude.

Les vignerons de ces environs, qui font beaucoup de Chanvre, préfèrent, pour cette culture, 600 kilog. de guano par hectare aux autres fumures, qui coûtent généralement plus cher, et même à celle de 20 hectolitres de chair desséchée au four et ensuite pulvérisée, qui se fabrique à Saint-Gervais, près Blois, et se vend 8 fr. l'hectolitre, quoiqu'elle revienne à peu près au même prix que le guano.

M. Salvat vend maintenant toutes les bêtes bovines de ses étables qui ne sont pas de pur sang durham. Il a de ces dernières dix mères vaches, quatre génisses, deux taureaux et un veau. Il faut ajouter trois bœufs, aussi durhams, qui concourront à Poissy.

J'ai vu battre, dans sa cour, du Froment par la machine de Lotz aîné, de Nantes, dont le manége, à deux chevaux, tourne autour du batteur, ce qui est fort incommode pour l'approche des gerbes et l'éloignement du grain et de la paille; il m'a dit que huit hommes et deux femmes, en changeant les deux forts chevaux toutes les deux heures, battaient de 25 à 30 hectolitres en huit heures. Le grain reste mêlé aux balles; la poussière, passant à travers les rouages, y formé du cambouis, ce qui force d'arrêter l'ouvrage toutes les vingt minutes pour ôter cette graisse épaisse et la remplacer par de l'huile nouvelle.

M. Salvat vient de vendre à une personne d'Angers un veau mâle de pur sang durham; il a été expédié, le jour même de sa naissance, dans un grand panier, à sa destination par le chemin de fer, et y est arrivé à bon port.

En me rendant de Blois à Beaugency, je n'ai aperçu, en fait de récoltes sarclées, que quelques petits champs de Pommes de terre.

J'ai visité, dans cette dernière ville, le dépôt de mendicité établi, en 1836, par le préfet du Loiret d'alors, le comte Siméon; qui défendit en même temps la mendicité dans son département, et cette mesure fut, bientôt après, prise par plusieurs départements voisins, qui, moyennant une rétribution, placent leurs mendiants récalcitrants dans cette maison. Les communes de ces départements où la mendicité est interdite sont chargées de venir au secours de leurs pauvres hors d'état de gagner complétement leur subsistance.

On m'a fait voir un certain nombre de vieillards des deux sexes, lesquels sont entrés volontairement dans cette maison de force et sont logés à part des reclus; ils s'y trouvent fort bien traités, nourris et couchés : ils ont, tous les jours gras, 1/4 de livre de viande de bœuf et reçoivent du pain blanc. Les autres habitants de la maison sont des vagabonds qui, ne voulant pas travailler, ont été arrêtés en mendiant. Le chiffre de la population de cet établissement s'élève à deux cent vingt individus, parmi lesquels il y a une soixantaine de femmes. Les reclus ont du pain de munition et deux fois 250 grammes de viande par semaine. L'état-major se compose d'un directeur, d'un comptable, de sept sœurs, cinq surveillants, et un concierge qui a un corps de garde à sa portée. L'état de santé, la propreté des habitants et de tout l'établissement font honneur au directeur et aux employés qui s'y trouvent attachés. Le département vient d'acheter une pièce de terre d'environ 7 hectares, à 2 kilomètres de la ville et sur la rive gauche de la Loire, afin d'y employer par le beau temps les pauvres valides; on y cultive principalement des légumes, qui sont consommés par cette population. Ils sont employés, lors du mauvais temps, à divers petits travaux qu'on peut faire à l'intérieur.

Ayant appris, à Beaugency, que le comice d'Orléans y tenait son concours le lendemain, et pensant que je ne rencontrerais pas chez eux, à cause de cela, MM. Ménard et Vignat que je voulais visiter, je me rendis à Orléans le 3 mai, mais j'y arrivais trop tard pour assister au concours de charrues; je n'ai donc pu voir que le peu d'animaux exposés à ce concours. J'y vis six lots de moutons métis mérinos, et un de bêtes solognotes. M. Vignat, régisseur, associé pour la culture de la terre des Bordes, propriété de M. Caillard des messageries générales, exposait plusieurs taureaux dont deux de race hollandaise et un flamand, et six vaches hollandaises ou cotentines d'une grande beauté, ainsi que le plus jeune taureau qu'il a élevé. Il y avait encore quelques vaches suisses, d'autres de sang mêlé, et quelques poulains assez jolis; il y eut à la suite du concours un dîner qui fut présidé par M. le préfet.

Je suis retourné, ce jour, à Beaugency, afin de visiter M. Ménard, ancien notaire; il a loué du duc de Lorge, il y a dix ans, avec un bail de 40 ans, une ferme de Sologne, d'une étendue d'environ 300 hectares. Il a semé presque toutes les terres cultivées en Pins maritimes, dont une partie même avant d'être entré en jouissance de la ferme qui se nomme Huppemeau; ces terres avaient une étendue de 75 hectares, il a ajouté à ce jeune bois 16 hectares de Bruyères qui ne reçurent qu'un labour, et plus tard 20 hectares aussi de Bruyères, mais qui ont été écobuées et avaient produit trois récoltes de céréales; enfin encore 40 hectares de Bruyères écobuées aussi, et traitées de la manière suivante : première année, Seigle; deuxième, Sarrasin; troisième, un Seigle sur 36 hectolitres de cendres lessivées; quatrième, Avoine dans laquelle il a semé les Pins maritimes. Il est obligé de défricher les 16 hectares de Pins semés sur un labour, car la Bruyère est revenue avec une telle vigueur, qu'elle a étouffé la plus grande partie des Pins, et qu'elle empêche ceux qui sont restés de prospérer. Quant aux Bruyères qu'il défriche pour les conserver en culture, voici comme il les arrange :

On laboure, on entoure ensuite la pièce de fossés pour en faire écouler les eaux; au bout d'une année, il sème sur ce labour, qui a été hersé plusieurs fois, 50 hectolitres de cendres lessivées par hectare. Ces cendres coûtaient alors 60 fr. rendues dans la cour; elles viennent de Beaugency, qui est à 12 kilom. Il sème ensuite de l'Avoine printanière, afin d'avoir la possibilité de donner un second labour l'hiver qui précède l'Avoine ; deuxième sole, Sarrasin ; troisième, Seigle ou Froment, sur 80 mètres cubes de marne coûtant rendus 3 fr. 75 c. ; quatrième, Vesces d'hiver sur 50 hectolitres de cendres ; cinquième, Froment ; sixième, Colza en ligne, repiqué et sarclé à 0,66 et 0,30 avec leur fumure de 40 mètres. Il marne ces terres aussi vite que possible, afin de pouvoir semer de la Luzerne sur des planches bombées, au moyen de trois labours exécutés après la récolte du Colza. Ces planches, qui ont 15 mètres de largeur, ont sur les deux tiers dans la partie la plus élevée, encore une assez jolie Luzerne, quoiqu'elle ait été semée depuis cinq ans ; mais le tiers le plus bas des planches, quoiqu'il ait reçu une double fumure, n'a pas de plantes de Luzerne, car ces fonds sont trop humides, et ont été en partie dénudés pour former les ados des planches, lesquels sont de 0ᵐ,80 plus élevés que le fond des raies d'écoulement qui séparent les planches entre elles. Une Luzerne qu'il avait semée sur un labour à plat a cessé d'exister au bout de deux ans, avant même d'avoir pu donner des récoltes un peu abondantes ; l'humidité du sous-sol l'a tuée. Comme M. Ménard ne fait pas, chaque année, une sole entière de Luzerne, le reste de la terre qui a produit du Colza est soumis au cours de culture suivant : septième sole, Froment ; huitième, 60 mètres de fumier et Betteraves, Carottes ou Pommes de terre ; neuvième, encore 40 mètres de fumier et Orge, dans laquelle on sème de la Luzerne. Ses Colzas lui donnent, en moyenne, de 20 à 25 hectolitres à l'hectare ; mais il en a récolté 40 hect. sur une pièce qui avait reçu une très-forte fumure de cendres et de fumier. J'ai vu de fort beau Trèfle mêlé de Lupuline sur une terre marnée deux ans auparavant. Il a fait de bons prés dans des parties basses de Bruyères défrichées, après deux applications de 50 hectolitres de cendres, un marnage et une couverture de 40 mètres d'un compost composé d'un quart de terre, un de marne et moitié de fumier ; cette dernière opération se renouvelle tous les trois ans. J'ai vu aussi de très beaux Trèfles incarnats. Les marnages, à raison de 80 mètres, qu'on est obligé d'aller chercher à 8 kilomètres, grande distance qui porte le mètre cube au prix de 3 fr. 75 c., occasionnent une dépense de 300 fr. par hectare. Je pense que si M. Ménard bâtissait un four à chaux dans une carrière sur les bords de la Loire, où il pourrait faire descendre un bateau de charbon ou d'anthracite, la chaux ne lui reviendrait qu'à 75 c. l'hectolitre au four. En comptant 25 c. pour le transport du four à la ferme, le chaulage de 150 hectolitres coûterait 150 fr., et je crois qu'il équivaudrait au marnage, lequel coûte le double. Mais admettons qu'il fallût 200 hectol. pour égaliser les 80 mètres de marne, il y aurait encore une économie de 100 fr. par hectare, et de plus l'avantage de pouvoir chauler un plus grand nombre d'hectares qu'on ne peut en marner, à cause du grand nombre de voitures qu'il faut pour cette dernière opération. Il pourrait conduire du bois à Beaugency et ramener, en revenant, la chaux, dont le port serait, par là, diminué. Je crois aussi que M. Ménard aurait un immense avantage à suivre l'exemple des fermiers de la Grande-Bretagne, qui, avant de défricher, commencent par un drainage, lequel, étant fait le plus souvent, en hiver, facilite singulièrement le premier labour, que la grande humidité des Bruyères, dans la mauvaise saison, empêche d'exécuter, ou rend bien plus pénible. M. Ménard ne serait pas forcé de laisser ce défrichement improductif pendant une année, et ses récoltes seraient bien meilleures, la terre étant assainie; l'avance, qui serait de 150 à 200 fr. par hectare, serait récupérée, au bout de trois ou quatre ans au plus tard, par l'augmentation des récoltes et la diminution des frais de culture due au drainage.

Je suis, aussi, étonné que M. Ménard n'ait pas essayé le noir animal comme fumure de Bruyère qu'on défriche, comparativement avec celle de 50 hectolitres de cendres qui lui reviennent à 60 fr., afin de savoir positivement lequel de ces deux engrais donne les plus belles récoltes avec la même dépense.

Il a une fort belle vacherie, composée de 50 têtes, qu'il

espère, avec le temps, pouvoir augmenter d'une vingtaine de bêtes ; il fait, avec leur lait qui est abondant, car il les nourrit fort bien, presque toujours à l'étable, et les choisit dans la race normande de préférence, de petits fromages, pour chacun desquels on emploie 2 litres et demi de lait ; ils se vendent en gros à raison de 25 centimes pièce. Il m'a dit que ses meilleures vaches lui rapportent jusqu'à 270 fr. par tête et par an.

M. Ménard a choisi, jusqu'à présent, des brebis de Sologne avec des béliers southdowns ; mais, trouvant que ses terres sont tellement humides qu'il est difficile d'y élever des bêtes à laine, il compte ne plus avoir que des vaches à lait, dont il pense tirer un meilleur parti. Je crains que son fumier ne diminue bien en qualité par ce changement ; l'engraissement de mouton se ferait avec avantage dans ces terres humides, le troupeau étant sous la garde d'un bon berger.

Les travaux de sa culture se font généralement à la tâche ; il paye, pour faucher un hectare de grain ou de prairie naturelle ou artificielle, 10 fr., les faucheurs étant nourris et recevant une bouteille de vin et deux de piquette par jour ; ils ont moitié viande fraîche et moitié salée ; ils sont obligés de lier les gerbes et de travailler à la formation des meules de grain. Le sarclage d'un hectare se paye 16 fr., lorsque toute la culture de la récolte sarclée n'est pas donnée à l'entreprise, comme suit : on leur donne, pour semer un hectare de Betteraves, l'éclaircir et le tenir propre par les sarclages, l'arracher, ôter les feuilles et nettoyer les racines, enfin les charger et les ranger dans des celliers, 2 fr. 50 c. par mètre cube de cette racine. M. Ménard vient de commencer la construction d'un petit village qui contiendra huit chaumières, afin d'y loger autant de familles de journaliers, qui lui viennent, jusqu'à cette heure, d'un village situé à 4 kilomètres de son habitation. Ces maisons seront louées, y compris un hectare de Bruyère attenant à l'habitation, 120 fr. ; s'ils demandent qu'on leur défriche et marne ce terrain, ils payeront 150 fr., au lieu de 120.

M. Ménard n'étant qu'à 12 kilomètres de la ville de Beaugency, et des bords de la Loire, qui sont très-peuplés et garnis de vignes, tire un bien meilleur parti de ses éclaircissages de Pins, qui fournissent, à l'âge de 8 ou 10 ans, des échalas et des fagots de menues branches nommées dans le centre bourrées, dont on se sert principalement pour chauffer le four ; le cent de celles-ci se vend, pris sur place, 5 fr., au lieu de 2 fr. 50 c., comme autour de Romorantin. Il commence à les éclaircir à partir de la huitième année ; il paye, pour l'arrachage de la partie des Pins qui, ayant été semés sur un simple labour de défrichement de la Bruyère, sont mal venus, et qu'on a coupés près terre, 3 fr. 50 c. par corde à charbon, qui se vend ensuite 5 fr.

Je suis allé de Huppemeau aux Bordes, où je savais ne pas trouver M. Vignat, qui était resté à Orléans, pour faire placer ses bêtes à l'exposition des reproducteurs, laquelle allait se tenir dans cette ville. Un maître valet m'accompagna dans ma visite de cette culture fort intéressante. J'ai vu 50 hectares environ de très-beaux Froments, quoique faits sur sables de Sologne ; mais on ne commence à les cultiver que lorsqu'on les a marnés à raison de 80 mètres cubes d'excellente marne calcaire qu'on va chercher à 4 kilomètres, et après une fumure de 100 mètres de fumier, pour commencer par les récoltes sarclées : celles-ci, faites sur une étendue de 30 hectares, sont encore trop jeunes pour qu'on puisse les juger ; mais j'ai aussi vu de fort belles luzernières, de beaux Trèfles rouges et incarnats, des Vesces et Pois d'hiver, des fourrages mélangés semés au printemps ; enfin du Maïs, pour couper en vert, qu'on cultive ici en grand. On tient, dans une des quatre fermes qu'on exploite, environ 80 bêtes à cornes dont 65 sont des vaches dont le lait est envoyé à la station de Beaugency, d'où il va à Paris ; il est payé, rendu à la station à Beaugency, 10 c. le litre. Le vacher m'a dit que ses bêtes, qui sont pour la plupart des normandes et dont quelques-unes sont hollandaises et quelques autres flamandes, lui donnent plus de lait en hiver que maintenant qu'elles ont 4 litres de son et du bon Trèfle : on le leur donne sans le faire passer au hache-paille; aussi y en avait-il une assez grande partie de tombée sur la litière. En hiver, on leur donne 8 litres de son et des buvées composées de racines bouillies avec des balles, du fourrage et des Betteraves crues. Les 50 vaches qu'on trait maintenant ne donnent que 420 litres de lait, ou à peu près 8 litres et demi par tête en moyenne : c'est bien peu pour cette époque, fin de mai.

Le maître valet m'a dit que M. Vignat avait employé, cette année, beaucoup de guano, après l'avoir essayé avec grand succès l'an dernier.

Le troupeau qui se trouve dans une autre ferme, qu'on a complétement transformée en bergerie, est composé de 400 brebis et 300 antenois provenant d'un premier croisement entre brebis de Sologne et béliers southdowns; tous les agneaux de cette année venaient d'un second croisement, et on n'en a cependant conservé que 50 femelles, le reste ayant été livré, à Beaugency, à un homme, à 17 fr. le couple. Celui-ci les a transportés à Paris pour le marché de la Vallée; il me semble qu'il eût été bien plus profitable de les élever que de les vendre gras à si bas prix.

J'ai vu, aux Bordes, des habitants des Landes occupés à gemmer des Pins maritimes âgés de vingt-deux ans. Je me suis rendu ensuite à Orléans pour assister au concours des reproducteurs, qui m'a paru fort beau et très-nombreux en animaux. Il y avait beaucoup de taureaux, dont un assez grand nombre de race durham ou croisés durhams, des béliers dishleys, southdowns, mérinos et croisés, enfin des verrats anglais, parmi lesquels ceux de M. le vicomte de Curzay étaient les plus gros et fort beaux. Il y avait beaucoup plus d'instruments aratoires qu'aux expositions précédentes.

Je suis allé, avec plusieurs autres agriculteurs, visiter, à 8 kilomètres d'Orléans, la jolie ferme de l'Isle, dont un neveu et élève de feu M. Malingié (cet excellent cultivateur qui est regretté par tous ceux qui l'ont connu), M. Nouel, est fermier depuis deux ans. Il a 108 hectares dont un tiers environ est d'une terre d'alluvion des plus fertiles, un tiers d'assez bon sable, et le reste de ces terrains sablonneux dont ses voisins font des pinières tant il est maigre, ce qui n'empêche pas que nous ayons eu à y admirer de très-beaux Colzas, Froments, Trèfles incarnats, beaucoup de fourrages composés d'un mélange de Vesces, Pois et Gesses d'hiver, de Seigle, Escourgeon et Avoine d'hiver, qui sont d'une si grande hauteur et épaisseur que nous en étions tous émerveillés. M. Nouel cultive une étendue considérable de terres en récoltes sarclées, telles que Pommes de terre, Betteraves, Carottes, Rutabagas, Choux à vache, Maïs quarantain pour graine, et du grand Maïs pour fourrage vert, des Féveroles d'hiver qui avaient près de 2 mètres de hauteur, mais se trouvaient, à la vérité, dans ses meilleures terres. Il donne une jachère complète à un terrain fort salé qu'il veut mettre en Luzerne. Ses Betteraves, Rutabagas et Choux sont élevés en pépinière pour être repiqués sur des terres qui viennent de porter des récoltes de fourrage, après leur avoir donné une forte fumure et les avoir labourées : il sème des Navets sur des chaumes de Froment ou Seigle. Aussi, après une bonne fumure, sa terre, une fois bien nettoyée, ne se repose jamais ; aussitôt une récolte enlevée, on laboure et on sème ou repique, cela est indispensable pour nourrir, sur une petite étendue, une aussi grande quantité de bétail, 11 forts chevaux, 50 assez grosses vaches à l'engrais et 900 moutons de Sologne aussi à l'engrais, avec le nombre de cochons à consommer dans le ménage.

J'ai regretté de voir ici conduire le fumier dans de grands tombereaux attelés de trois beaux et gros chevaux, au lieu de faire comme à la Charmoise et comme cela a lieu dans toutes les fermes d'Écosse et dans une partie de celles d'Angleterre, de ne se servir que de tombereaux et charrettes à un cheval, excellent usage qui économise, d'une manière très-notable, les bêtes de trait. Lorsqu'on charroie dans la ferme, un des laboureurs est occupé à charger et l'autre à décharger le fumier ou les récoltes : des gamins de douze à quatorze ans, et même des jeunes filles, conduisent les voitures chargées et les ramènent vides. Si on va sur une route au loin, un laboureur ne conduit, dans la Grande-Bretagne, que deux voitures; en France, il est permis d'en conduire quatre. On assure, en Écosse, qu'on économise ainsi le tiers des attelages, car, de cette manière, chaque animal est forcé de faire sa besogne, il ne peut pas se reposer en chargeant ses compagnons d'attelages de faire son devoir. M. Nouel est fort bien logé dans un ancien petit castel orné de tourelles, qui a été remis à neuf. Je suis retourné à Paris pour, ensuite, m'acheminer vers le nord de l'Allemagne.

Je suis parti le 11 juin 1853 pour Lagny, d'où je me suis rendu à Ferrières, pour visiter la ferme, près du château, que M. de Rothschild fait valoir : le chef de cette ferme m'a fait voir deux taureaux de couleur blanche, une vache, trois génisses et un veau de pur sang durham, deux vaches croisées durhams et leurs veaux, enfin un assez grand nombre de vaches cotentines dont plusieurs qui ont été achetées sans faire attention à leurs écussons vont être vendues, car elles sont très-mauvaises laitières. Il venait d'arriver à la ferme un certain nombre de fort belles génisses, achetées en Normandie, prêtes à vêler ; leur prix moyen, les frais de voyage compris, est de 525 fr. On m'a dit que la vache durham avait donné, il y a deux ans, deux génisses à la fois, qu'elle a très-bien allaitées et qui sont fort belles : le veau, venu cette année, est aussi très-bon; cette vache a un fort bel écusson. Le chef de culture, qui est de la Brie, m'a paru, dans mes deux visites, être fort contraire aux innovations en agriculture, excepté au drainage. Il s'est dérangé de ses occupations pour me conduire, malgré une chaleur extrême, à près de 2 kilomètres, afin de me faire voir un champ de Froment dont moitié a été drainée l'année dernière, et fumée comme la partie non drainée, laquelle a reçu une jachère complète, et porte un Froment qu'on a eu grand tort de ne pas retourner, tant il est mauvais; tandis que celui fait sur la partie drainée a été semé sur une pépinière de Colza qui n'a pas reçu de nouvelle fumure pour

ce Froment ; il donnera, malgré cela, une bonne récolte :
mon guide prétendait qu'elle sera de 24 hectolitres. Ces
drains sont de 1^m,20 de profondeur et distants de 10 mètres.
Ce drainage a coûté 300 fr. par hectare, car le sol contient
beaucoup de pierres. On n'avait pas encore fait passer la
charrue à sous-sol en travers des rigoles ; on le fera cet automne.

Je me suis rendu, de là, à la grande tuilerie, que M. de
Rothschild a fait construire près de la ferme de Pontcarré :
on y a opéré bien des changements depuis l'an dernier ;
d'abord on a démonté le manége à quatre chevaux, destiné
à faire marcher la machine d'Aynslie en même temps que
le malaxeur ; celui-ci est mû maintenant par un manége
à deux chevaux. On se sert de la machine anglaise de Hat-
cher, fabriquée à Chelles, par le sieur Rouiller, au prix
de 650 fr., pour les gros tuyaux. Cette machine les pousse
verticalement, ce qui les empêche de se déformer, comme
cela arrive avec les machines horizontales, elle est aussi employée à faire passer la terre par une plaque en fonte percée
de petits trous, afin d'en séparer les graviers. M. Blot, le
chef de la tuilerie, lui, préfère la machine de Calla : pour
la fabrication des petits et des moyens tuyaux, un ouvrier
et sa femme, tous les deux de petite taille, et ne paraissant
pas vigoureux, la font manœuvrer à la tâche depuis une
couple d'années, et font, habituellement, cinq à six mille
tuyaux du diamètre de 33 millimètres par jour, mais on leur
apporte la terre préparée et on emporte les tuyaux que la
femme a arrangés sur des tablettes portatives de 1 mètre de
longueur : elles sont terminées aux deux bouts par des planches hautes de 16 centimètres, percées par le haut, afin de
pouvoir y passer les doigts pour les enlever ; une fois qu'on
les a placées à demeure, on les superpose, et de cette manière on n'a pas besoin d'échafaudages pour faire sécher
les tuyaux. Ces tablettes coûtent 1 fr. 25 c. la pièce.

M. Blot m'a dit que son frère était tuilier à son compte, et
fabriquait aussi des tuyaux. Il a, pour cela, deux machines, et

va chez les propriétaires de tuileries, lorsqu'on le demande, pour faire, au moins, cinquante mille tuyaux : il se chargerait aussi de former un jeune homme à cette fabrication dans le laps de temps de six semaines, à condition que cet homme travaillerait, pendant ce temps, sans rétribution, et qu'il payerait 50 fr. pour son apprentissage. Si quelqu'un voulait faire dresser un ouvrier à cette fin, il préférerait un jeune homme intelligent, n'ayant jamais travaillé dans une tuilerie ou poterie ; on n'aurait, dans ce cas, qu'à s'adresser à M. Blot, directeur de la tuilerie de la terre de Ferrières, par Tournant, département de Seine-et-Oise, lequel mettrait l'apprenti en communication avec son frère. Les tuyaux dont le diamètre intérieur est de 25 millimètres se vendent, ici, 21 fr. le mille, ceux de 33 se payent 23 fr.; ils n'ont guère que $0^m,30$ de longueur, il serait à désirer qu'ils eussent un tiers de mètre. On ne demande presque pas de tuyaux du plus petit modèle ; ils sont réellement trop petits : quant à ceux du second, on ne parvient pas à en fabriquer assez pour les demandes. On espère pouvoir en fournir, cette année, plus de deux millions ; on vient même des environs de Melun. Il est fâcheux que les fabriques de tuyaux soient encore si rares, même dans un département si rapproché de la capitale, et dont la plus grande partie des terres ont besoin de drainage. M. Blot m'a dit que les environs immédiats de Ferrières n'en prenaient pas beaucoup ; cependant les fermiers du baron consentent à donner 15 fr. de plus par hectare ; aussi dit-on que le baron a l'intention de faire drainer toutes les terres de ses fermes qui ont besoin de cette amélioration. Il y a encore une fabrique de tuyaux à trois quarts de lieue de Lagny.

J'ai été étonné de trouver, en me rendant à Meaux, sur les meilleures terres de France, des Froments en apparence moins beaux que ceux que je venais de voir sur les défrichements de Bruyères en Berry et en Sologne, et même sur les terres siliceuses anciennement cultivées, chez messieurs Mariotte et Leroux, près de Romorantin ; ces dernières, il

est vrai, ont été marnées et ont reçu, chez le premier, 50 mètres de fumier d'auberge, coûtant, rendu à une lieue de la
ville, 5 fr. le mètre, et chez le second 500 kilog. de guano revenant, rendu, à 28 fr. les 100 kil. Les Luzernes sont presque cachées par les Bromes; les autres prairies artificielles
sont bonnes, mais pas meilleures que celles que j'avais vues
chez les bons cultivateurs de ce pays si arriéré et déprécié, le
centre, où j'avais vu de grandes étendues de Colzas et autres
récoltes sarclées, tandis que je n'ai aperçu de Colza que du
côté de la Ferté-sous-Jouarre, et très-peu de cultures de
racines. Les prés des bords de la Marne, au contraire, m'ont
paru bien mieux préparés que lors de mes deux derniers
voyages sur cette ligne.

J'ai pris, à Château-Thierry, un cabriolet pour me conduire chez le vicomte de Rougé au château du Charmel, à
16 kilomètres; j'ai parcouru un charmant pays le long de la
vallée de la Marne. J'ignorais que la station de Varennes ne
se trouve qu'à 4 kilomètres du château, distance qu'il est
préférable de parcourir à pied, car c'est une montée si roide,
que les chevaux la font au très-petit pas. J'ai trouvé, cette
fois, M. de Rougé chez lui; il devait recevoir, le lendemain,
la visite du préfet du département, qui l'avait prié de lui
faire voir sa fabrique de tuyaux, ses drainages, lesquels
datent de 1851, et leurs résultats : ceux-ci sont si satisfai-
sants, que M. de Rougé les continue sur une grande échelle ;
il transforme des terres naturellement bonnes, mais tellement imperméables et difficiles de culture, qu'elles donnent
presque habituellement des récoltes manquées, ou du moins
très-médiocres, en terres qui se couvrent de très-beaux
produits.

J'ai vu ici des Froments sur terre drainée qui ont la plus
belle apparence et qui ont l'air de devoir donner au moins
le double de ceux qui les avoisinent, sur terre non drainée;
ceux-ci sont jaunâtres, fort clairs, pleins de Renoncules et
autres mauvaises herbes. Les hivernages et les Trèfles sont
d'une grande beauté sur les terres drainées par le vicomte;

quant aux récoltes sarclées, on ne peut pas encore les juger. Ce jour étant un dimanche, on ne travaillait pas à la fabrique de tuyaux : ceux que j'ai vus sont d'une excellente qualité, ils sonnent comme des cloches; leur longueur est de 0^m,33, et le diamètre des plus petits est de 35 millimètres; on les vend 25 fr. Le malaxeur, qui est garni, en haut, d'un double cylindre en fonte sur lequel on dépose la terre par pelletées, écrase les petits graviers et travaille parfaitement la terre; on en trouve de pareils à Soissons, chez le sieur Liénard, mécanicien, à Saint-Médard, près la porte de Soissons; ils coûtent 800 fr. Le régisseur m'a dit qu'on faisait, dans la même ville, une machine à tuyaux de drainage qui peut faire, par jour, de trois à quatre mille tuyaux et ne coûte que 200 fr. On ne connaissait pas le nom du fabricant, mais on savait qu'il venait d'obtenir une médaille d'or comme inventeur de sa machine.

L'argile marneuse qu'on emploie ici reçoit un tiers de son volume de sable argileux; elle ne pourrait pas être employée pour faire des tuyaux, si les cylindres par lesquels on la fait passer n'écrasaient pas les parcelles de marne dure qui s'y trouvent. Le régisseur, M. Poitevin, m'a dit qu'on fait ici, avec la machine d'Aynslie mue par un manége attelé maintenant de quatre bœufs au lieu de deux comme précédemment, lequel fait tourner en même temps le malaxeur, six à sept mille tuyaux par jour.

Dans la ferme qu'il dirige, il y a seize chevaux, deux poulains adultes, douze bœufs travaillants, six vaches et quatre élèves, enfin cinq cents moutons métis. On a essayé, cette année, du guano dont on est si content, qu'on est décidé à en faire une bonne provision; on achetait une assez grande quantité de poudrette de Montfaucon, dont on met 24 hectolitres par hectare: elle revient, rendue, à 5 fr. l'hectolitre; c'est une fumure de 120 fr. qui ne dure qu'un an; 400 kilog. de guano, qui feraient une forte fumure pour deux ans, ne coûteraient pas tout à fait autant.

Le fermier d'une terre qui touche celle de M. de Rougé,

ayant vu les excellents résultats du drainage fait par celui-ci
en 1851, a prié son propriétaire de lui faire drainer ses
terres les plus humides, lui offrant d'abord 5 pour 100, ensuite 6 pour 100 de la somme dépensée, et, comme il n'obtint pas ce qu'il désirait, il a drainé, l'année dernière, 8 hectares et, celle-ci, 7 à son compte, quoiqu'il n'eût plus que dix
ans de bail lorsqu'il fit sa demande.

J'ai visité, le 13 juin, M. Ponsard, jeune cultivateur qui
demeure dans une jolie maison de campagne située à
16 kilomètres de Châlons, et sur un coteau au pied duquel
se trouvent d'immenses prairies bordant la Marne, presque
vis-à-vis le château de Vitry-la-Ville, habitation du comte
Louis de Riocourt.

La propriété de M. Ponsard a une étendue de 130 hectares, dont 35 en excellents prés donnant 4 à 6,000 kilos de
très-bon foin par hectare, 20 hectares en Osiers produisant
annuellement une moyenne de 2,500 bottes d'Osier blanchi,
qui, cette année, se vend 3 francs la botte; j'ai oublié le prix
de la façon des 100 bottes. Une vingtaine d'hectares de ces
bonnes terres d'alluvion sont plantés en Peupliers et autres
bois blancs; restent 56 hectares que M. Ponsard faisait valoir,
mais qu'il a mis à moitié, en faisant de son maître valet un métayer. Il lui a fourni des chevaux, du bétail et les instruments
nécessaires pour cultiver la ferme; on a fait estimer par des
experts la valeur de cette monture, somme dont cet homme
lui paye 3 pour 100. Ce cheptel sera rendu à la fin de bail
au propriétaire. Celui-ci et le métayer ont chacun leur
grange, un beau grenier à grains, des écuries, étables, ber-
geries et porcheries bien séparées. M. Ponsard a donné au
colon partiaire 3 hectares de Blé, et ils partagent également
tous les produits des terres; car le propriétaire, qui fait des
croisements, a voulu que chacun eût son bétail à part et l'ar-
rangeât comme il l'entendrait. Ce dernier a trois chevaux,
un taureau croisé durham, cinq vaches et plusieurs élèves,
enfin un troupeau provenant de brebis métis mérinos et de
béliers southdowns; mais il va donner aux femelles provenant

de ce mélange un joli bélier dishley, qui vient d'être primé
au concours d'Orléans. Ses laines, quoique moins fines que
celles de la Champagne, se vendent à peu près de même,
étant plus longues.

Il vient d'acheter, audit concours, de M. de Vigneral, qui
cultive en Picardie, un taureau et une génisse de pure race
durham, qui ne sont pas encore arrivés; parmi ses vaches,
l'une, qui est suisse, donne à nouveau lait 26 litres; une des
quatre normandes en donne une vingtaine de litres; les trois
autres sont moins bonnes.

La porcherie de M. Ponsard est remarquable, car il y a
trois des meilleures espèces de cochons anglais, un verrat et
une truie new-leicester, une d'espèce essex-napolitaine, et
une de race berkshire; il va croiser toutes ces races ensemble, ce qu'on fait beaucoup en Angleterre lorsqu'on ne se fait
pas éleveur de reproducteurs. Le métayer, après avoir livré
une certaine quantité de fumier pour le potager et le parc,
qui ont 4 hectares, emploie tout le reste dans sa culture;
son assolement, quoiqu'il puisse être modifié à volonté par le
propriétaire, m'a paru fort singulier : première sole, Froment
sur une fumure de 60,000 kilog.; deuxième, Orge dans laquelle on sème du Sainfoin et du Trèfle; troisième et quatrième soles, prairie artificielle très-productive; cinquième sole,
Froment; sixième, Seigle; septième, Avoine; et puis on recommence. On n'a fait, jusqu'à cette heure, que 3 hectares
de Betteraves, Rutabagas, Carottes et Pommes de terre, toujours sur le même terrain, qui est un pré défriché, mais en
changeant, chaque année, ces diverses plantes de place. On
fait aussi des Navets en récoltes dérobées sur les chaumes de
Seigle. M. Ponsard avait essayé, il y a quelques années, du
guano qui n'a pas réussi, car il était frelaté; il en a fait venir,
l'automne dernier, du Havre, comme essai, dont il a été très-
content, et il va en faire revenir.

Il soigne fort bien ses prés, après les avoir mis, par des
chaussées, à l'abri des inondations intempestives; il en fait
arracher les mauvaises plantes. Ils sont recouverts, chaque

année, au moins une fois, par les débordements de la Marne, qui les améliorent singulièrement. M. Ponsard m'a dit que la moitié des produits de la ferme lui donnait bien plus que le loyer des fermes voisines. Il cultive en petit une grande quantité de diverses variétés de Froments, afin de choisir parmi eux les plus beaux, les meilleurs, les plus productifs de ceux qui versent difficilement; car ces terres de Champagne, qui ont une si petite épaisseur de sol sur la craie, sont labourées très-superficiellement, ce qui rend les céréales, lorsqu'elles sont bien fumées, sujettes à verser, aussi en ai-je vu pas mal de versées avant d'arriver à Vitry-le-Français; et j'ai été fort surpris, une fois dans les terres très-fertiles du Perthois et de quelques parties de la Lorraine, de voir de tristes Froments à feuilles jaunes, très-clairs et fort peu élevés; cela tient au printemps très-humide, qui, dans ces terres à sous-sol imperméable, a contrarié la végétation. Combien le drainage rendra de services dans ces pays!

Arrivé sur les bords de la Moselle, en me rendant à Pont-à-Mousson, j'ai revu avec plaisir de beaux champs de Froments.

Je suis allé, le 15 juin, visiter M. André; son père avait établi à Pont-à-Mousson une des premières fabriques de sucre, dans laquelle il lui a succédé; il vient de la remonter à neuf, et j'y ai vu de petits appareils inventés par le docteur Turc de Paris, que je n'avais jamais remarqués dans les nombreuses fabriques de sucre que j'ai visitées. Cette fabrique n'est faite que pour une fabrication de 2,000,000 de kilog. de Betteraves: elle a coûté à M. André, sans les bâtiments qui existaient, plus de 100,000 francs.

Il cultive 40 hectares de Betteraves, et achètera le produit de 20 autres hectares, que ses voisins lui ont assuré à raison de 16 francs les 1,000 kilog., et il trouve le même prix de ses pulpes, qui lui donnent ainsi plus de bénéfice que s'il les employait à engraisser le bétail. Il a les boues d'une partie de la ville, lesquelles ne lui coûtent pas 1 franc le mètre cube, la ville lui donnant 100 francs pour les ramasser; il peut en faire environ 500 mètres par an. J'ai vu dans des champs plus de soixante-dix sarcleurs femmes ou gamins, qui gagnent 70 centimes ; les hommes reçoivent dans la bonne saison, le temps de la moisson excepté, 1 fr. 50 c., et en hiver, dans la fabrique, de 1 fr. à 1 fr. 20.

M. André conserve ses Betteraves en grands tas de 2 mètres de hauteur posés sur terre ; les côtés sont bordés de la terre qu'on tire de fossés qu'on fait pour les entourer ; ils ne sont couverts que d'un peu de paille ; je n'avais encore vu cette manière de conserver les racines que chez MM. Fiévé près de Douai. Il est de fait que, si les racines se conservent aussi bien ainsi qu'en silos, il y aurait beaucoup d'avantage à adopter cette méthode, car cet arrangement coûte infiniment moins que celui en silos ; ensuite il permet de semer les Froments de suite après l'enlèvement des Betteraves, ce qui vaut bien mieux que les semailles qu'on fait seulement lorsque tous les silos, couvrant les champs où les racines ont été récoltées, viennent d'être vidés par la fabrication ; un troisième avantage résulte du charroi des Betteraves en novembre, époque où les chemins ne sont pas encore défoncés et les champs pas trop humides.

M. André tient 12 chevaux et 8 bœufs, mais il a renoncé à ce dernier attelage, le trouvant beaucoup trop lent ; il n'aura plus que des chevaux ; voici sa manière de les nourrir : il leur alloue à chacun des trois repas un litre de mélasse, allongé d'autant d'eau qu'il en faut pour tremper toute la paille hachée qu'ils peuvent consommer dans un repas ; cette paille est trempée ainsi d'un repas à l'autre ; il ajoute 2 litres d'Avoine et autant de son à chaque repas, enfin une demi-botte de foin le matin et autant le soir.

Il compte faire, deux années de suite, des Betteraves et, la troisième année, du Froment, et pour cela ne fumer qu'une fois. Je pense qu'une fumure ne sera pas suffisante pour faire deux fortes récoltes de racines, mais ses terres sont argileuses et très-fertiles ; celles qui ne sont pas à plus d'un kilomètre de la ville seraient vendues de 4 à 5.000 francs l'hectare ;

elles gagneraient infiniment à être drainées. Les araignées de terre, qui couvrent ses champs de Betteraves, les dévorent à mesure qu'elles lèvent, et il m'a fait voir que, là où se trouvaient des herbes et surtout du chiendent, les jeunes plantes étaient intactes; c'est un fait que je n'avais pas encore vu et que je ne puis m'expliquer. Je pense qu'il devrait essayer si la chaux pulvérisée à l'air, ou du guano semé sur les champs au moment de la levée des racines, ne chasserait pas ces vilains insectes, comme cela a lieu pour les petites limaces grises, surtout lorsque l'on sème la chaux d'abord le soir et une seconde fois avant la fin du jour.

Il se sert des instruments de culture de Dombasle, fabriqués à Nancy par le gendre de notre célèbre agriculteur, M. de Meixmoron-Dombasle.

J'ai vu un petit champ de Colza que M. André a fumé avec des os pulvérisés venant d'une fabrique de boutons.

Je n'ai pas vu ses Froments qui étaient loin. M. André a pu faire faire à Pont-à-Mousson sa machine à vapeur; elle lui a coûté, pour la force de 8 chevaux, sans le générateur et les tuyaux de cuivre, 5,000 francs; elle lui revient, je crois, bien plus cher que s'il l'avait fait venir de Paris et surtout de Lille ou de Valenciennes. Je n'ai aperçu depuis Paris que deux houblonnières, l'une près de Dieulouard entre Pont-à-Mousson et Nancy, et l'autre près d'ici, dans une terre tourbeuse.

On a remarqué, dans le jardin de ma sœur, que plusieurs abricotiers hâtifs fleurissaient plus tard que ses Abricotiers tardifs; aussi les premiers portent-ils bien plus souvent des fruits que les seconds.

Je suis allé visiter M. Marc, fermier de la terre de Dombasle à 8 kilomètres de Pont-à-Mousson; cette terre, qui occupe l'emplacement d'un bois que le frère du célèbre agronome avait acquis pour le défricher et sur laquelle il a construit une fort jolie habitation avec une superbe ferme, a été vendue, depuis, à M. de la Tournelle, qui l'a louée d'abord à un fermier, lequel n'y a pas réussi; elle est passée, depuis lors, entre les mains de **M. Marc**, propriétaire-cultivateur d'une très-grande capacité.

Les **200** hectares de bois qui ont été défrichés il y a une vingtaine d'années sont de difficile culture, à sous-sol imperméable. La terre a été rendue acide par la présence du tanin provenant de la décomposition des feuilles, brindilles et racines de l'essence de Chêne, qui composait principalement ces bois; aussi cette terre, après avoir porté quelques bonnes récoltes de Colza, est-elle restée longtemps fort peu productive. Enfin M. Marc, au bout d'une année, s'est assuré que la chaux y ferait grand bien. Comme on n'est pas dans l'usage de marner dans ce pays, qu'en tous cas le marnage est bien plus long à effectuer que le chaulage, il a construit d'abord un petit four à chaux, et, content de l'effet du chaulage et trouvant que ce four ne lui permettrait pas de marcher assez vite, il en fit construire un second; il a déjà chaulé plus de **100** hectares à raison de **60** hectolitres par hectare, avec l'intention d'en donner une seconde et pareille dose, une fois que toutes les terres de sa ferme auraient reçu la première; il a donc, cette année, **60** hectares de beaux Froments, et **40** hectares d'un mélange de Trèfle rouge et blanc qui produira beaucoup; mais à l'inégalité de ce fourrage on voit que, si l'on avait au moins doublé et même triplé la dose de chaux, on eût bien fait.

Il a sur les terres non chaulées encore **30** hectares en Seigle. Le reste est en pâtures de Trèfle blanc pour ses moutons, ou en Colza et récoltes sarclées, car son bétail et ses chevaux ne vont jamais en pâture. M. Marc m'avait dit, il y a trois ans, qu'il avait l'intention de remplacer son beau troupeau de bêtes croisées trois quarts métis mérinos et un quart dishley, par des brebis allemandes à grosse laine, qui, pour ses terres encore sauvages, seraient moins difficiles que ses bêtes améliorées; il a heureusement agi avec prudence en n'achetant que vingt-cinq de ces vilaines grandes brebis, car il s'est bientôt aperçu qu'il aurait beaucoup à perdre en persévérant dans cette idée, d'autant plus que ses chaulages

changent ses terres bien à leur avantage. Je pense qu'il ferait bien de donner à ses bêtes des béliers de la race créée à
Alfort par M. Yvart en donnant à des brebis de Rambouillet un bélier demi-sang dishley et graux de Mauchamps;
il améliorerait son troupeau, d'abord sous le rapport de la
carcasse et aussi pour la toison. Ses 15 hectares de Colza sont
fort bons sur les deux tiers de la pièce; le reste a été gâté
par trop d'humidité du terrain. Le drainage rendra d'immenses services à cette propriété; elle appartient à M. de la
Tournelle, qui l'habite. Pour rendre service à son fermier,
il a consenti à reprendre 12 hectares de terres argileuses et
très-humides, avec l'intention de les planter en bois. J'ai dit
à M. de la Tournelle que ces terres me paraissaient fort bonnes
et que s'il les faisait drainer, ce qui pourrait coûter 200 fr.
par hectare, elles seraient bien plus productives que les autres; que, tant qu'elles ne seraient pas drainées, il en coûterait beaucoup pour les planter, et qu'elles resteraient ensuite fort longtemps sans donner de revenu. Il est probable
que lorsque le propriétaire et le fermier, qui sont tous deux
fort intelligents, auront une fois vu les effets merveilleux d'un
drainage bien exécuté, ils s'entendront pour faire cette opération sur toute cette terre; M. de la Tournelle payant le
drainage et M. Marc un intérêt amortissant le capital dé-
pensé pour cette immense amélioration, ils gagneront tous
deux beaucoup par cet arrangement.

M. Marc ne pense pas qu'une seconde application de
chaux soit une opération utile, et sa raison est qu'un chaulage, essayé il y a dix-huit ans par M. de Dombasle, est encore très-visible; mais ce qui me prouve qu'il se trompe à
cet égard, c'est que ses terres, qui n'ont reçu que 60 hectolitres de chaux (ce qui n'est qu'un demi-chaulage, du
moins dans bien des pays où l'on chaule à raison de
200 et même 300 hectol., ou bien comme en Belgique, près
d'Autun et en basse Normandie, où l'on renouvelle tous les
cinq ans un chaulage de 50 jusqu'à 100 hectol. par hectare,
vec grand bénéfice), sont des terres bien plus fortes que celles

provenant de défrichements : elles contiennent beaucoup
d'humus acide; la présence d'une grande quantité d'Oseille
et d'autres herbes sauvages dans ses terres chaulées fait
bien voir que la dose de calcaire qu'on leur a donnée
est loin de suffire. M. Marc, ayant une grande étendue
à chauler, fait bien, s'il ne peut pas aller plus vite, de donner à toutes ses terres un demi-chaulage, afin qu'elles en
aient toutes un peu, ce qui lui assure d'assez bonnes récoltes; mais il eût eu un grand avantage à construire de suite
un grand four à chaux qui lui eût permis, en produisant,
chaque jour, 100 hectol., de chauler journellement 1 hectare. Au moyen de deux bons chevaux qui n'auraient jamais
été détournés de cet ouvrage, il aurait chaulé toute sa ferme
en une année. Il pourrait même commencer à donner une
seconde dose de 100 hectol., ce qui serait très-bien, car il
est certain que, dans des terres un peu consistantes,
200 hectol. font beaucoup mieux que 100, et que les chaulages de 300 hectol. donnent de bien plus belles récoltes
que ceux de 200 hectol.; outre cela, il a encore beaucoup
de terres hors d'état de lui donner de bonnes récoltes.

M. Marc paye 60 fr. de loyer par hectare; je suis convaincu qu'il se tirerait bien mieux d'affaire s'il en payait
10 ou 12 de plus par hectare, et que toutes ses terres fussent drainées. Lorsque, il y a trois ans, je visitai M. Marc,
il me dit qu'il pensait remplacer son beau troupeau de métis mérinos ayant un tiers de sang dishley, les trouvant trop
délicats pour ces terres encore si sauvages, qui se couvraient
d'Oseille, d'herbes et de bois, quoique défrichées depuis environ dix-sept et dix-huit ans; mais, ayant prudemment essayé sur un petit lot les résultats que donneraient les brebis
allemandes qu'il croyait valoir mieux pour sa position, il fut
convaincu, au bout de deux années, qu'il perdrait infiniment
au change : il a donc heureusement conservé son troupeau.
Mais je pense qu'il ferait bien de prendre des béliers d'Alfort, ainsi que je l'ai dit tout à l'heure ; ces béliers ont le
mérite d'être assez précoces, d'avoir des toisons qui, à cause

de la longueur de mèche et d'une bonne finesse, produisent plus d'argent que celles des troupeaux mérinos ordinaires; et cette race, créée depuis une vingtaine d'années, donne bien plus de viande et s'engraisse plus facilement.

Un rouleau Crosskill du grand modèle, qui coûte à Lens (Pas-de-Calais), chez le sieur Morel, 650 fr., rendrait de bien grands services à la culture de ces pays, où il y a beaucoup de terres très-fortes.

Il faut espérer qu'un des trois fermiers les plus avancés en culture de ces environs, MM. Marc, André, fabricant de Betteraves à Pont-à-Mousson, et Brice, distillateur à Champigneulle, près Nancy, finiront par en faire venir un, malgré son prix élevé; lorsqu'il sera connu, il sera bientôt adopté par les gros cultivateurs de ce pays, comme cela a déjà eu lieu dans le nord, lorsque M. Decrombecque a importé en France, dans l'année 1846, le premier de ces instruments si utiles.

Je me suis rendu à Saint-Avold pour visiter la culture de M. Attmayer; comme il n'était pas chez lui, je fus me promener dans les environs de la ville. Ayant rejoint un jeune cultivateur qui conduisait un cheval par le licol, et lui ayant adressé une question en allemand qu'il ne comprenait pas, je lui parlai français, et j'appris qu'il était d'un village des environs de Metz, et habitant une propriété près de là, dont il venait d'hériter d'un oncle ancien notaire; il m'engagea à venir chez lui, ce que je fis, et il me conduisit dans une fort belle ferme, très-bien bâtie et contenant des écuries et des étables pour loger une cinquantaine de grosses bêtes, ayant une grange spacieuse et une distillerie, industrie qui est assez en usage dans la Lorraine allemande. Il a 45 hectares de terres légères assez bonnes et 15 de prés qui ont le plus grand besoin d'être drainés, ce qu'il a l'intention de faire au moyen de perches d'Aune liées ensemble, pour remplacer les tuyaux qui n'existent pas encore dans ces environs. Une partie de ses prés se trouve sur la tourbe, qui, étant extraite de manière à pouvoir sécher, puis conservée à couvert, pourra lui servir de litière pour ses bêtes à l'engrais, si elle n'est pas propre à chauffer sa distillerie. En venant de la route chez lui, j'ai remarqué de l'excellente marne argileuse à fleur de terre; je lui ai demandé s'il s'en servait pour marner ses terres, il m'a dit qu'on ne la connaissait ni dans ce pays ni dans la commune de Morhange où demeure son père. Je l'ai fortement engagé à en mettre dans ses terres sablonneuses, où elle fera mieux que de la chaux, qu'il a l'intention d'employer comme amendement dans ses terres; je lui ai dit de faire venir de la graine de Trèfle incarnat, plante qui lui était inconnue, et de demander à M. de Meixmoron-Dombasle, à Nancy, une charrue pour terres légères, laquelle conviendrait mieux dans celles-ci que la charrue Dombasle. La charrue américaine à versoir changeant, faite dans le même établissement, lui conviendrait bien pour ses terres à sous-sol perméable. Ce jeune cultivateur se nomme Geld, sa jolie propriété est Neuhof; elle est d'un seul morceau et se trouve dans une charmante position, étant entourée de collines couvertes de bois taillis garnis de superbes Chênes et Hêtres. Il a absolument voulu me faire boire une excellente bouteille de vin, que son père récolte dans la commune d'Ogny près de Metz. Il m'a dit que l'oncle dont il venait d'hériter avait laissé 400,000 francs, qu'il avait partagés entre ses neveux et nièces; son père était déjà riche, une de ses sœurs tient son ménage en attendant qu'il se marie. M. Geld m'a accompagné assez loin afin de m'indiquer un sentier qui devait me conduire au château de Longeville, chez M. Durbach. J'avais déjà fait une visite à ce monsieur, il y a une trentaine d'années; il distillait alors des Pommes de terre, et il a continué depuis, toujours fort en grand, mais comme la maladie des Pommes de terre a sévi fortement chez lui, M. Durbach a essayé, l'an dernier, de distiller des Betteraves, ce qui lui ayant réussi, il en a planté une assez grande étendue. M. Durbach était absent, et, comme c'était un dimanche, n'ayant point trouvé de domestique de culture, je parcourus les champs tout seul; je vis

une grande étendue de beaux Seigles et de Pommes de terre ;
j'ai été étonné de voir des prés situés sur des pentes qui
étaient traversées par divers petits filets d'eau provenant de
plusieurs sources, et des fossés bordant la pente, eau qu'on
laissait s'écouler sans l'employer à l'irrigation, bien qu'on
eût à souffrir de la sécheresse, il pleuvait tous les jours un
peu à Pont-à-Mousson.

Je n'ai remarqué dans les champs et basses-cours, en fait
d'instruments perfectionnés, que deux herses Bataille ; les
charrues sont de l'ancien modèle. Dans les écuries il y avait
de bons petits chevaux ardennais, et dans les étables des
vaches du pays, le tout étant en fort bon état et nourri à
l'étable au vert.

Étant retourné à Saint-Avold, j'y trouvai MM. Attmayer
père et fils, qui me reçurent comme une ancienne connaissance, car ils lisaient mon voyage de 1850 dans le sud de
l'Allemagne. Ces messieurs sont des cultivateurs très-zélés et
fort instruits ; ils distillent, depuis plusieurs années, des Betteraves avec succès et en ont fait venir la semence de Mag-
debourg. Ils m'apprirent que M. Staub, que j'avais visité dans
la magnifique ferme-école qu'il venait de faire construire à
Forbach et qui lui avait coûté plus de cent mille francs,
s'était trouvé, par la suite, trop court de capital pour continuer sa grande culture ; qu'il avait vendu sa propriété et
était retourné à l'île Maurice, où il avait une plantation.
M. Attmayer m'a dit que M. Staub avait employé, d'après le
conseil que je lui avais donné, du noir animal avec un succès complet dans les défrichements de bois qu'il avait loués
de M. de Wendel, et qui précédemment ne produisaient
presque rien. On cultive, dans les terres légères de ces environs, du maïs pour grain et pas comme fourrage. Ayant
manqué l'omnibus qui devait me faire faire les trois kilomètres qui me séparaient de la station du chemin de fer, je fus
obligé de le rejoindre en courant par une chaleur très-forte
et suis arrivé en même temps que le convoi qui m'a mené
à Sarbruck, car la ferme-école de Forbach n'existe plus.

Sarbruck est une jolie ville, fort bien bâtie en pierre de taille d'un grès rouge. J'y louai une petite calèche attelée d'un cheval, qui me conduisit fort lentement chez M. Villeroy, au Rittershoff. La route suit une charmante vallée jusqu'à Saint-Ingbert ; une petite rivière sert de moteur à plusieurs forges, dont celle de MM. Cræmer frères est considérable. J'admirai, dans cette délicieuse vallée, beaucoup de prés irrigués, formés en planches bombées, comme ceux de de M. Villeroy et du pays de Siegen. De là viennent la plupart des irrigateurs, qui sont, en Allemagne, chargés de la formation des prés irrigables. Le lendemain, 20 juin, j'ai eu un temps très-pluvieux, qui cependant ne m'a pas empêché de parcourir, pendant plusieurs heures, la culture de M. Villeroy, que M. son fils a eu la bonté de me faire visiter.

J'ai été étonné de voir d'aussi beaux Trèfles rouges dans des terres sablonneuses. Ces messieurs font beaucoup de Trèfles blancs qui servent de pâture au troupeau l'année de la semaille ; ils sont fauchés, l'été suivant, une fois et traités ensuite en demi-jachère. Les Seigles sont fort beaux ainsi que les Pois-fourrages ; je n'ai pu voir les Froments, car la pluie est devenue trop forte. Le troupeau, de cinq cents bêtes, provient de brebis ardennaises qui avaient reçu des béliers mérinos, qu'on a donnés aussi aux brebis croisées pendant plusieurs années ; on a ensuite donné des béliers dishleys mérinos, qu'on a, plus tard, remplacés par des béliers dishleys, et maintenant on se sert de béliers southdowns, dont on est fort content et qu'on pense continuer.

Sa vacherie provient en partie de vaches du Glane qui ont eu un taureau suisse ; il s'y trouve encore quelques vaches du Glane, et on a maintenant un gros et un jeune taureau durham de pure race et des croisés provenant du taureau durham ; ce bétail est fort beau. Les cochons sont des essex-napolitains venant de chez M. Fisher Hobs. Ce pays montueux est charmant : les bois y viennent à merveille, j'y ai vu des Mélèzes, des Pins silvestres et de Weymouth énormes qu'on abattait ; ces derniers se brisaient en tombant. C'est un bel arbre d'agrément, mais il ne doit pas être mis dans les forêts. MM. Villeroy faisaient défricher un bois dont les souches d'arbres n'avaient pas été arrachées par deux espèces de charrues d'un modèle datant de l'empire romain, attelées, chacune, par deux bons bœufs ayant coûté 500 fr. la paire. Elles sont conduites, chacune, par un seul laboureur. Ces charrues, encore fort en usage, surtout dans le nord de l'Allemagne, se nomment *hacken*; ce mot, traduit en français, veut dire houe. Les laboureurs et leurs excellents attelages avançaient avec une peine extrême, en s'arrêtant presque à chaque pas: cet instrument écorchait la surface en larges gazons garnis de bonnes herbes, et les enroulait sur eux-mêmes sur trois ou quatre épaisseurs, qu'il faudra laisser sécher, puis écobuer. Tout mauvais qu'était cet ouvrage, il eût été impossible de l'entreprendre avec des charrues, sans avoir fait arracher préalablement les très-nombreuses souches de Sapins. J'avais remarqué, dans les villages que je venais de traverser en me rendant au Rittershoff, que les habitants avaient l'aspect d'une grande misère, et, ayant questionné ces messieurs, ils m'apprirent que les habitants de cette partie du palatinat étaient on ne peut plus à plaindre, surtout depuis la maladie des Pommes de terre, qui constituent leur principale nourriture. Le pays s'appauvrit tous les jours davantage; cela amène l'émigration de ceux qui ont encore le moyen de payer leur passage en Amérique. Les impôts sont très-forts par suite des dépenses extraordinaires. L'impôt mobilier frappe même le dernier des manœuvres, dont le salaire est à peine suffisant pour l'empêcher lui et sa famille de mourir de faim. Il est imposé sur son prétendu revenu ; l'armée bavaroise, qu'on disait composée de soixante mille hommes, ruine le pays, me disait-on. J'ai vu, dans des villages éloignés de la route, bien des figures qui n'annonçaient ni la force ni même la santé. Les terres légères de ces environs, naturellement peu fertiles et n'étant que peu fumées, ne donnent que de misérables récoltes à ces pauvres habitants, qui vivent, en grande partie, de l'om-

mes de terre, dont la maladie a diminué infiniment le produit et même la qualité, et cet état de choses achève de rendre ces pauvres gens bien misérables.

J'ai visité, le 21 juin, M. Génot, fermier à Saint-Ladre, près
de Metz, où j'étais revenu. Ses récoltes, quoique belles, ont
souffert des pluies incessantes et froides du printemps. Il a
fait très-peu de Colza, son prix se trouvant avili par l'importation du Sésame. M. Génot a remplacé cette récolte sarclée
par trente hectares de Betteraves à sucre et quinze de Pommes de terre, qu'il distillera, cet hiver, en alcool arrivant à
92 ou 93 degrés. Ses terres étant toutes fort légères ne
lui ont rapporté, l'an dernier, que 25,000 kilos à l'hectare. Il m'a dit que, si ses étables étaient assez considérables,
il pourrait engraisser, pendant l'hiver, cent vingt-cinq bêtes
à cornes, tandis qu'il n'en peut loger que quatre-vingts à la
fois ; il sera donc obligé de vendre le surplus des résidus à
raison de 25 cent. l'hectolitre. Sa distillerie, qui a été montée il y a deux ans, ne peut distiller que 8,000 kilos de racines, qui donnent un peu plus de la moitié d'alcool que les
tubercules à poids égal. Son procédé de distillation est de
faire cuire par la vapeur ses Betteraves coupées par un coupe-
racine d'ancien modèle. La cuisson s'opère dans deux grandes chaudières en cuivre, d'où on verse les racines cuites
qu'on force de traverser une passoire percée de trous d'environ 1 centimètre de diamètre : elles tombent dans un
cylindre posé horizontalement, qui a 3 mètres de longueur et 1 mètre de diamètre, où se trouve placée une machine pareille à celle qui bat les céréales dans une machine
à battre, qui, en tournant dans le cylindre cité précédemment, écrase et mélange bien les Betteraves bouillies. Elles
tombent à l'étage inférieur contenant seize cuves, chacune
de 40 hectolitres, où la fermentation s'opère ; ces cuves ne
sont pas couvertes comme je l'avais vu en Allemagne ; l'eau
arrive au moyen d'une pompe mue par une roue hydrauli-
que qui sert de moteur à tous les appareils qui en ont besoin
dans cette distillerie, à chaque cuve de même qu'aux deux

étages supérieurs. Le second étage contient le coupe-racine ;
un petit chemin de fer portant un petit waggon sert à faire
arriver du rez-de-chaussée les racines lavées au coupe-racine : un seul homme suffit à couper toutes les racines à distiller, et occupe deux autres hommes à mettre les racines
coupées dans les chaudières ; celles-ci se trouvent à l'étage
inférieur. Le générateur ainsi que l'appareil de distillation
sont aussi placés au rez-de-chaussée ; l'esprit se rend dans
une grande tonne qui est jaugée de manière à ce qu'on
puisse voir, à toute heure, le produit de la distillation, et aussi
combien il en est entré dans les tonneaux servant à la vente
de l'alcool. Je n'ai pas encore visité une distillerie qui m'eût
paru aussi commodément établie et qui demandât aussi peu
de main-d'œuvre. C'est M. Génot qui l'a si bien organisée,
dans les bâtiments d'un mauvais moulin qu'il a loué à un
quart de lieue de sa ferme. Il m'a dit avoir employé
30,000 fr. à monter cette usine ; il distille, en été, du Seigle ;
le prix des alcools étant assez élevé pour lui permettre
d'acheter le Seigle qui n'est pas à bon marché, cela lui permet de nourrir un bon nombre de vaches à lait dont le produit se vendra à Metz en nature. M. Génot paye de 10 à
14 fr. les sarclages, suivant l'état plus ou moins sale de la
terre.

Je me suis rendu de chez M. Génot chez M. Leroy, à Augny ; cet habile cultivateur a trouvé le moyen, pendant les
trente années qu'il a été le fermier d'une ferme contenant
70 hectares (dont il a à peu près doublé l'étendue en achetant, au fur et à mesure, avec ses économies, les terres qui
entouraient sa ferme, mais qui étant sur des hauteurs voisines et pierreuses, ou bien dans le vallon, gâtées par l'eau
et très-mal cultivées, qu'il a pu avoir de très-bon marché,
et les ayant mises en fort bon état), de se créer une fortune de
plus de 100,000 écus, tout en payant progressivement le tri-
ple de son premier fermage qui était, dans son début, de
1,200 fr. Il a cédé à son gendre et à sa fille unique sa ferme
depuis quelques années ; et s'est retiré dans une espèce de

maison de campagne ou vendangeoir, dans la commune d'Augny, où se récolte d'excellent vin.

Il arrivait de Châteaubas, la ferme en question, où je l'avais déjà visité plusieurs fois en vingt ans. M. Leroy m'a dit que, cette année, il n'y avait que le Trèfle qui eût bien réussi ; les Froments et Colzas sont loin d'être aussi bons qu'ils le sont habituellement. Les luzernières ont été en partie détruites par le froid du printemps, qui est venu après un hiver excessivement doux. Les nombreux élèves de chevaux, qu'on faisait dans cette ferme, n'ont pas bien réussi depuis quelques années ; aussi ses enfants n'en élèvent-ils plus que ce qu'il leur en faut pour remplacer les chevaux usés. Cette relation et l'état impraticable du chemin conduisant à Châteaubas m'ont empêché de m'y rendre comme je le projetais.

Je suis allé, le 22 juin, chez M. Brice, excellent fermier, qui, il y a deux ans, a monté dans sa ferme, près Champigneule, commune située à une lieue de Nancy, une sucrerie pour laquelle il cultive 50 hectares de Betteraves, dont moitié sont semés sur billons, à la Northumberland, c'est-à-dire qui contiennent le fumier qui n'avait pas été répandu sur le champ comme cela se fait habituellement, mais qui avait été placé, étant humide, dans les billons ouverts au moment où on allait les refermer en couvrant ce fumier ; les Betteraves ont bien mieux levé et sont bien plus belles sur les billons que celles qui ont été semées à plat. M. Brice, ayant bien des terres pierreuses et en côtes calcaires, ne compte guère que sur un produit de 25,000 kilogr. par hectare, et il a acheté, à 14 fr. les 1,000 kilogr. rendus chez lui, le produit de 50 hectares, à une lieue environ de chez lui, chez son beau-frère et un autre cultivateur ; mais la pulpe est remmenée par les vendeurs. La culture de ses Betteraves, arrachage et effeuillage compris, étant faite à la journée, lui coûte 60 fr. par hectare ; les hommes gagnent 1 fr. 20 c., et les femmes 90 c. par jour.

Sa culture, qui ne s'étend que sur 100 hectares de terres

labourables et quelques prés, lui coûte, pour la main-d'œuvre, environ 15,000 fr. par an. Il y a un bon cours d'eau avec une bonne chute, qui lui fait tourner deux grandes roues hydrauliques comme moteur de sa fabrique. M. Brice tient un troupeau de grandes brebis wurtembergeoises, qui ont des béliers disbleys; il en vend les agneaux gras, âgés de quatre mois, pour la Vallée, à Paris, 15 fr. la pièce pris chez lui. Ces brebis sont de fort bonnes nourrices; ses antenois ne lui produiraient que 20 fr. étant âgés d'un an.

J'ai commencé, le lendemain, par visiter les frères Hoffmann, fabricants de machines à battre, connus avantageusement depuis longues années. Une machine ancien modèle Ransome, sans le manége de quatre chevaux, se paye 500 fr., avec le manége 900 fr., et 1,400 fr. lorsqu'elle vanne. Je suis allé ensuite chez mon cousin, M. de Scitivaux, qui était absent; il avait acheté, l'année dernière, au concours d'Orléans, un fort joli taureau durham d'environ quinze mois; il est assez bien écussonné, et a de très-belles formes. Il a aussi ramené des béliers rambouillet, mauchamps et dishley, qui m'ont paru petits. M. de Scitivaux a toujours un grand nombre de chevaux et poulains entre quarante et cinquante têtes. Les douze vaches à lait sont d'une grande beauté; elles proviennent de croisements durhams-fribourgs. Comme le régisseur était absent, je n'ai pas pu me procurer les renseignements que je désirais. Je n'ai pas pu voir ses Froments faits sur terre drainée; presque toutes ses terres, qui sont sur fond argileux, ont besoin de cette immense amélioration qu'il a commencée sur une grande échelle. Je n'ai vu de son nombreux troupeau que les agnelles, fort jolies, mais petites. Je pense qu'il tient trop à la finesse des toïsons.

J'ai fini mon excursion de cette matinée par la visite d'instruments aratoires de M. de Meixmoron-Dombasle, où les commandes sont très-abondantes.

J'ai remarqué dans cette fabrique, qui est, je pense, la meilleure de France, car on y fabrique de bons instruments très-solides et bien confectionnés, dont une partie sont imités dans bien des parties de la France les plus éloignées d'ici, plusieurs perfectionnements depuis ma précédente visite, entre autres au scarificateur Dombasle, qui était déjà, selon moi, le meilleur de ceux inventés en France ; la petite charrue est aussi fort bonne, ainsi que le semoir et plusieurs autres instruments, entre autres la charrue à versoir changeant, dont le modèle nous est venu d'Amérique. Je regrette, cependant, que M. de Meixmoron-Dombasle, ne visite pas les expositions agricoles, où il pourrait choisir, sur la quantité trop considérable d'instruments qu'on y voit habituellement, quelques-uns qui sont vraiment bons et qu'on est fâché de ne pas voir dans ce remarquable établissement.

J'ai vu, avec regret, qu'on y est encore forcé, pour plaire à beaucoup de fermiers lorrains, de fabriquer de grandes et lourdes charrues Dombasle armées de versoirs de bois, pour labourer les terres argileuses. Ces cultivateurs routiniers croient qu'il faut, dans les terres difficiles et compactes, prendre des bandes de terre larges de 50 cent. ; aussi mettent-ils à ces charrues six et huit bons chevaux pour donner le premier labour. En Écosse, partie de la Grande-Bretagne la plus avancée en agriculture, où se trouvent aussi des terres très-argileuses et compactes, on ne met jamais plus de deux chevaux, à la vérité très-forts, dans ce dernier cas, et on se sert alors de charrues plus petites que pour les terres ordinaires, car, dit-on, plus la terre est compacte, plus il faut chercher à la diviser, et l'on arrive mieux à ce but en prenant des tranches étroites. Ensuite, plus on attelle de chevaux au même instrument ou véhicule, moins on en obtient d'ouvrage, proportion gardée, sans compter que le piétinement de ces nombreux attelages sert à tasser davantage ces terres déjà si dures. J'ai encore été étonné de voir fabriquer des rouleaux-squelettes au lieu du grand brise-mottes de Crosskill, qui, dans ces terres argileuses, rendrait les plus signalés services, à condition, cependant, d'avoir de douze à dixhuit disques de près de 1 mètre de diamètre, car ceux d'un modèle moindre ne sont pas assez lourds et exigent, proportion gardée, une plus forte traction à cause du petit diamètre des disques. Cet excellent instrument devrait exister dans toutes les grandes fermes, où les petits cultivateurs pourraient les louer à tant par jour, car son plus petit mérite est de briser les mottes ; il rend de plus grands services en donnant de la consistance aux terres trop légères ou soulevées pour le Froment, en arrêtant les ravages des vers, qui coupent en terre les racines des céréales ou des récoltes sarclées, et surtout en repiquant les grains d'hiver arrachés par les gelées et dégels du printemps.

Je suis allé coucher à 14 kilomètres de Nancy , sur la route de Strasbourg, chez un de mes cousins, M. le comte de Bizemont , qui cultive une partie des grands défrichements de bois qu'il a fait faire dans ces environs. J'y ai vu de belles récoltes pour cette saison si pluvieuse, qui nuit tant aux terres qui ont grand besoin d'être drainées. Il m'a conduit le lendemain à l'ancienne poste de Velaine, route de Nancy à Toul ; qu'il vient d'acheter avec un autre monsieur , bon agriculteur. Les bâtiments en sont considérables, et beaux ; la culture s'étend sur 130 hectares, dont environ la moitié borde la route des deux côtés ; ces terres calcaires, qui avaient peu de fond et dans lesquelles on avait fait beaucoup d'excavations pour en tirer des pierres servant à recharger la route, étaient d'un petit produit, avant que ces messieurs ne les eussent fait égaliser et recharger avec les énormes ados bordant la route pendant plusieurs kilomètres; ils s'étaient formés depuis l'existence de cette route due au roi Stanislas ; c'étaient les boues de la route qu'on jetait sur ses bords. Ces terres, d'une couleur blanche , mélangées avec celle du sol couleur d'ocre, ont produit chez eux , ainsi que chez leur voisin, M. Gœtzman, qui a suivi leur exemple, des effets très-remarquables , car les Froments ainsi que les récoltes y sont fort beaux. M. Gœtzman a pris ces terres bordant la route et qui appartiennent à la commune à long bail, à condition de les améliorer ; il n'a eu à payer aucun loyer pendant les trois premières années.

J'ai vu, dans les étables de l'ancienne poste, une douzaine de fort belles vaches venues du canton de Berne ; le
vacher suisse de cette ferme est en route pour en ramener
six autres du même lieu. Je me suis rendu, ce jour-là, à Charmes, petite ville située à 44 kilomètres de Nancy et sur les
bords de la Moselle, voulant visiter le lendemain une partie
des imenses prairies que MM. Dutac frères ont commencé
à créer sur les sables et cailloux bordant cette rivière ; elles
ont, depuis, été augmentées principalement par M. Naville
de Genève, et par d'autres propriétaires en communes rive-
raines.

En m'y rendant, depuis Nancy, j'ai vu avec grand plaisir
que les terres étaient assez généralement couvertes de fort
belles récoltes, ce qui doit, je pense, être dû, en majeure
partie, au voisinage de Roville, où notre célèbre agriculteur
et auteur agricole, M. de Dombasle, a résidé et cultivé pendant dix-huit aus ; j'ai vu sur les bords de cette route un
assez grand nombre de petits champs de Betteraves, Pavots et
Maïs ; les prés irrigués y sont nombreux.

Je suis allé le lendemain de bonne heure chez MM. Naville, dont plusieurs se trouvaient dans l'habitation où trois
ans auparavant leur digne père, qu'ils ont perdu, avait eu
la bonté de me sacrifier une journée entière pour m'expliquer et me faire visiter une partie des immenses travaux qui
ont dû être faits pour transformer des terrains complétement
improductifs en excellentes prairies irriguées. Ces quatre
messieurs viennent de se partager, entre eux, 400 hectares dont les trois quarts sont en prés et le reste en
train de le devenir. Les meilleurs de ces prés donnent de
4,000 à 5,000 kilog. de bon foin, mais qui, à cause de
l'énorme quantité de prés irrigués qui bordent les 13 lieues
qui se trouvent entre Epinal et Nancy, ne se vend plus facilement ni cher ; ces messieurs ont loué une partie de ces prés
110 à 120 fr. l'hectare. Un d'eux, que ses affaires retien-
nent à Genève pendant la plus grande partie de l'année,
venait de louer sa part à un de ses parents et amis , M. de

Loriol, aux conditions suivantes : le propriétaire aura comme loyer la moitié du produit brut, et le fermier sera logé, lui, son monde et son bétail, par le propriétaire, mais il achètera son cheptel, ses instruments et payera tous les frais de culture ; la main-d'œuvre se paye ici, dans la bonne saison, les hommes 1 fr. 25 à 1 fr. 50 et les femmes 1 fr. Le fermier a conclu un arrangement à la tâche, d'après lequel il paye 75 cent. par chariot de foin pesant environ 500 kil., chargé, amené et déchargé sur la meule.

J'ai parcouru, avec un de ces messieurs, pendant environ quatre heures, sa propriété, qui commence près de Charmes et dont l'étendue est d'environ 150 hectares, partie desquels sont des prés et terres labourables, et le reste en terres vagues destinées à devenir des prés, ou qu'on est déjà occupé à niveler, pour les labourer et semer en graine de foin. Les prés formés sur cailloux, roulés et grevés, ne produisent abondamment qu'à la cinquième année et ne sont complets qu'à la dixième ; ceux faits sur les terres labourables assez fertiles produisent déjà beaucoup à la troisième année d'irrigation.

Un hectare de pré formé sur une terre vague qui n'offre pas de grandes difficultés coûte, étant semé, environ 250 fr. à établir ; mais il faut compter, en dehors de ce prix, les dépenses faites pour créer les grands canaux d'irrigation, les digues, les ponts, les empierrements, clayonnages et chaussées pour empêcher la Moselle d'entamer ses bords ou de submerger les prés mal à propos, lors des inondations.

M. Schwartz, ingénieur agricole, ayant fait d'abord ses études à Hohenheim, dans la grande école d'agriculture du royaume de Wurtemberg, et qui était ensuite allé à Siégen, dans la Hesse Electorale, pour y étudier les fameuses méthodes d'irrigation qui se répandent dans toute l'Allemagne, a pris, il y a sept ans, la direction de tous les travaux qui se sont faits, depuis lors, dans la propriété de MM. Naville. Il a eu d'immenses difficultés à vaincre et a appris bien des choses, quoiqu'il fût déjà très-capable avant d'y venir.

6

Comme ces messieurs n'ont plus besoin de tout son temps, ils se sont arrangés avec lui de manière qu'il puisse disposer de la moitié pour établir des irrigations, drainages et autres améliorations agricoles chez d'autres propriétaires. Il était absent pendant les deux visites que j'ai faites chez ces messieurs, ce qui m'a empêché de lui demander quels étaient les honoraires qu'il prenait pour ses travaux.

MM. Naville ont eu, il y a une couple d'années, un incendie qui leur a consommé un énorme hangar, lequel contenait plusieurs centaines de milliers de kilog. de foin, et une étable pouvant loger une centaine de bêtes à cornes, dont une vingtaine ont été brûlées. C'est du regain incomplétement séché qui a causé cette grande perte. On vient de remplacer ce bâtiment par un autre moins considérable, qui a 80 mètres de long sur 10 mètres de large, dont le pignon, qui regarde le vent de la pluie, est fermé en partie par des planches ; le reste est ouvert : il est couvert par un nouveau genre de tuiles très-perfectionnées que j'ai vu employer pour la première fois sur les gares du chemin de fer près Nancy. Il ne faut que seize de ces tuiles pour couvrir un mètre carré, elles coûtent 55 fr. le mille ; elles s'accrochent les unes aux autres par le haut et s'encadrent par des rainures. Ce hangar, qui a coûté 1,800 fr., peut contenir 900,000 kil. de foin.

Ces messieurs m'ont dit qu'un de leurs parents, ayant récolté beaucoup de Pommes de terre très-gâtées par la maladie, les avait fait bouillir, bien écraser et mettre en silo en les salant, ayant le soin de bien les piler avant de les recouvrir de planches et ensuite de terre battue, comme cela se fait en Allemagne, et que les bestiaux les avaient mangées avidement.

Je suis retourné dimanche matin par un temps très-pluvieux à Nancy, d'où je suis reparti vers dix heures pour Strasbourg, où je suis arrivé à deux heures et demie.

La pluie à verse m'a empêché de juger des récoltes jusqu'auprès de Saverne, où nous avons retrouvé le beau

temps, et de là jusqu'à la capitale de l'Alsace; les produits de
la terre m'ont paru assez généralement beaux; j'ai remarqué
des champs de Moutarde blanche en pleine fleur et de petits champs de Topinambours.

Le sous-préfet de Saverne, étant monté dans le waggon où
je me trouvais, a bien voulu répondre, lorsque je lui ai demandé quel était l'immense palais que j'avais aperçu dans
cette ville, qu'il avait été construit avant 1790 par le duc
de Rohan ; que ce bâtiment était devenu la propriété de la
ville, qui, ne pouvant bien l'utiliser, l'avait laissé à peu près
tomber en ruine, et que, lors du passage, à Saverne, du
prince Louis Napoléon, alors président de la république, le
maire de la ville avait prié le président de vouloir bien disposer de cet immense bâtiment d'une manière utile pour la
France et la ville ; que peu de temps après, le 2 décembre,
une ordonnance transforma ce palais en un refuge pour les
veuves d'employés supérieurs qui voudraient s'y retirer
lorsqu'il serait rendu logeable. On a, depuis, fait les fonds
nécessaires pour cette appropriation qui coûtera 150,000 fr.
M. le sous-préfet m'a aussi appris que M. Goetz, l'ancien maître de poste de cette ville, ayant créé beaucoup de prés sur
de mauvaises terres qu'il avait acquises à bon marché, les avait
rendus très-productifs en leur appliquant de temps en temps
100 hectolitres de cendres lessivées provenant de grands
établissements de produits chimiques de Bouxviller, et que,
n'ayant plus de chevaux de poste et s'étant trouvé embar-
rassé pour la vente de ses foins, il les envoyait, à Paris, par
le chemin de fer, payant 140 fr. par waggon portant
5,000 kilog.; que le bottelage et les autres frais, comme
transport, au chemin de fer, à Saverne, et de la gare de
Paris au magasin, commission, entrée en ville, etc., etc.,
portaient la dépense à environ 200 fr. par waggon, ce qui
faisait 40 fr. par 1,000 kilos, qui se vendent à Paris 100 fr. ;
il resterait ainsi 60 fr. de son foin au lieu de 30 fr. J'ai ren-
contré, à la descente du waggon, le père Nil, que j'avais vu,
en 1850, à la tête d'une colonie agricole d'enfants pauvres,

près de Schelestadt , nommée *le Willerhoff* , et dont j'avais tant admiré les travaux d'améliorations agricoles. Il venait de visiter, près de Saverne, la propriété d'un colonel en retraite, Herwin , qui, voulant la cultiver, l'avait prié de lui indiquer les moyens d'en tirer un meilleur parti. Le père Nil m'a dit qu'il avait, depuis mon passage au Willerhoff, pu construire conjointement, avec trois communes voisines, des digues considérables pour mettre une partie de la vallée à l'abri des inondations intempestives de la rivière d'Ill. Ce bon père, qui est de la Flandre belge et qui est un des agriculteurs les plus capables que je connaisse, m'a dit que , ayant eu des déboires dans la direction de la colonie et de ses entreprises , qui ont donné à cet établissement plus de 50 hectares d'excellents prés irrigués, au lieu de prés marécageux et ravagés tous les ans par les inondations , il avait donné sa démission de directeur de la colonie, et s'était retiré avec les trois sœurs ouvrières et les trois frères laboureurs qu'il avait fait venir de Belgique et qui lui avaient tant aidé à améliorer les cultures , déjà assez remarquables, de cette partie de l'Alsace, chez M. le baron de Bengalis, grand propriétaire , demeurant à 16 kilom. de Strasbourg , où il cultive en grand , afin de pouvoir se livrer , avec fruit, à son inépuisable bienfaisance.

J'ai vu aujourd'hui, 27 juin , en me rendant à Bade, des Orges d'hiver qu'on moissonnait. La nuit et la matinée furent très-pluvieuses, mais le temps devint beau et chaud vers midi, comme cela avait eu lieu hier ; aussi en profitait-on le soir pour faner et rentrer du foin. La ville de Bade s'est singulièrement embellie depuis quelques années , mais la saison pluvieuse empêche les baigneurs d'y arriver. J'ai trouvé M. Schutzenbach et son gendre, le docteur Lachèze, dans leur charmante maison de campagne. Le premier, quoique indisposé, a bien voulu me conduire dans sa petite propriété, composée de 18 hectares ; il l'a complétement défoncée à 60 centimètres de profondeur, en en extrayant une énorme quantité de pierres et roches qu'il a fait casser

comme celles qu'on destine à recharger les routes ; elles ont
servi à créer de bons chemins dans sa propriété et à remplir
les nombreuses rigoles de drainage qu'il a dû faire pour
assainir ces terres en côtes pleines de sources. Il en a ras-
semblé les eaux pour irriguer toute la propriété, transformée par lui en excellents prés irrigués qu'on est obligé de
faucher jusqu'à trois fois, afin d'empêcher l'herbe versée de
se gâter. Tous ces prés sont plantés en Pruniers des meilleures espèces, autant que possible mûrissant les unes après
les autres, afin de pouvoir en sécher les beaux fruits, qu'on
expédie en Angleterre ; les Prunes défectueuses servent à
faire de l'alcool. Il estime beaucoup l'espèce de Prunes con-
nues sous le nom de *Quetsches d'Italie* pour faire de bons
Pruneaux, ainsi qu'une espèce de Prunes jaunes grosses
comme de petits œufs de poule. M. Schutzenbach m'a fait visiter une petite sucrerie modèle dans laquelle on peut fabriquer un million de Betteraves et produire 50,000 kilogr. de
fort belle cassonade très-blanche : elle a été très-soignée et
lui a coûté, sans les bâtiments qui existaient, 10,000 francs.
On pourrait, m'a-t-il dit, en établir une pour 6,000 francs
qui ferait autant de sucre. Les résidus donnent beaucoup de
lait à ses vaches suisses. Il m'a dit que ce genre du sucrerie
était en train de s'établir en Autriche, où l'impôt se prélève
sur le poids des récoltes de Betteraves destinées à faire du
sucre.

Je me suis rendu le 28 juin à Colmar, afin de juger de
l'état des récoltes entre Strasbourg et cette ville, distance de
60 kilomètres. Comme la plus grande partie de ces terres est
saine, les champs sont couverts, en grande partie, de belles
récoltes ; les Tabacs, cultivés fort en grand dans cette con-
trée, venant seulement d'être repiqués, je n'ai pu juger que
de la grande propreté des terres occupées par cette plante.
Je suis retourné à Strasbourg et ensuite je fus coucher dans
un bourg du nom de Brumath, d'où je me suis rendu, le
lendemain matin, à Bischwiller ; cette dernière course est de
16 kilomètres. Le pays situé entre ces deux endroits est fort

bien cultivé ; ce sont, en partie, des sables naturellement fort maigres, dont on tire de très-grands produits à force de fumures et de sarclages. On attelle les vaches, qui souvent conduisent seules un chariot à quatre roues assez fortement chargé : elles ont des colliers au lieu de jougs ; aussi marchent-elles d'un bon pas. Bischwiller, espèce de petite ville manufacturière, a une population de 7,000 âmes, dont les deux tiers sont protestants, et le reste se partage entre catholiques, calvinistes et juifs. Les terres sablonneuses sont cultivées en Froment, Seigle, Orge, presque pas d'Avoine, Garance, Colza, Navette, un peu de Pavots, Pommes de terre. J'ai vu peu de Vesces, de Trèfles et encore moins de Luzernes ; au contraire, de très-grandes houblonnières placées sur des vallons tourbeux, avant ou même après en avoir enlevé la tourbe comme combustible pour les manufactures et la population : dans le dernier cas, si l'on ne fait pas bien égoutter ce terrain, cette plante souffre et donne peu et de mauvais Houblon. La commune d'Oberhoffen, qui touche presque Bischwiller, a partagé, après 1790, une partie de ses terrains communaux, de manière que chaque feu se trouve avoir à peu près un hectare partagé en sept ou huit parcelles : ce sont des sables profonds ou des tourbières ; celles-ci ont été plantées en Houblon, dont les pieds se trouvent espacés à 2 mètres en tous sens. On cultive, dans l'intervalle, des Choux, Salades, Oignons, Pommes de terre, Haricots, Concombres, Citrouilles, etc., etc. J'ai obtenu les détails qui suivent d'un cultivateur fort intelligent et qui m'a paru instruit. Un hectare contient 2,500 pieds de Houblon garnis, chacun, d'une perche de Sapin. Ces perches coûtent, suivant les années, de 80 à 120 francs ; elles ne durent que de dix à quinze ans : on compte que le capital employé à leur achat doit porter un intérêt de 10 pour 100 afin d'amortir ce capital. On donne, en bonne culture moyenne, 20 litres de fumier à chaque pied de Houblon, ce qui exige 50 mètres cubes par hectare ; lorsqu'on achète le fumier, il revient, rendu sur place, à 5 francs le mètre. La fumure annuelle d'un hectare de houblonnière coûte donc 250 francs : le loyer de l'hectare, l'entretien des perches, l'intérêt à 10 pour 100 du prix d'achat des perches, les frais de culture , la fumure, enfin la cueillette, qui se fait habituellement à la tâche, tout cela est évalué devoir coûter, sur une moyenne de dix années, 1,000 francs par hectare ; et, par an, le produit moyen, aussi sur dix années, est estimé être de 800 à 1,000 kilogr. de Houblon , qui vaut aussi, en moyenne, 200 francs les 100 kilogr., ou de 1,600 à 2,000 francs de produit brut. Le produit net est donc de 600 à 1,000 francs l'hectare ; mais on obtiendrait un bien plus grand produit en Houblon si on fumait davantage , et les frais, à part l'augmentation de la valeur de l'engrais, resteraient les mêmes.

Je me suis rendu de Bischwiller, à pied, chez un jeune fermier, âgé de vingt-cinq ans, qui a été élevé, pour ainsi dire, par M. Ehrman, propriétaire d'une fabrique et d'une ferme situées dans ces environs, mais qui, étant aussi négociant , habite Strasbourg ; il a fait valoir pendant assez longtemps cette ferme quoique ne l'habitant pas, y a fait d'abord construire une maison et des bâtiments de culture très-spacieux et fort commodes, a pourvu les écuries et étables de purinières et la cour de vastes places à fumier ; il a enlevé la tourbe sur les terrains tourbeux, dont le sous-sol était argileux ; il a amené, sur les débris de tourbe qui restaient, du sable pris au pied d'un coteau joignant la tourbière. Ce mélange d'argile, de tourbe et de sable a formé une très-bonne terre, le fumier aidant. Il a fait conduire une quantité considérable d'argile grise, qui ne contient aucune partie de calcaire, sur les terres, qui sont très-sablonneuses ; ce qui leur permet de produire du Froment et du Trèfle. Voici comme le fermier actuel du sandhof (ce nom, traduit en français, veut dire ferme de sable), dont l'étendue est de 30 hectares de terres qui étaient excessivement sablonneuses avant l'application d'une forte dose d'argile, de 10 hectares de prés qui, compris le regain, donnent habituellement 5 à 6,000 kilog. de fourrage l'hectare, enfin de quelques hectares de tourbières ci-dessus mentionnées; voici comment il a fait son éducation agricole : M. Ehrman, ayant jugé actif et intelligent le jeune Brumter, âgé alors de quinze ans, l'a attaché d'abord, pendant une année, à sa belle vacherie, composée alors d'une vingtaine de vaches, race schwitz, dirigée par un excellent vacher du même pays que ses vaches; il fut ensuite, pendant dix-huit mois, laboureur ; il devint, après, teneur de comptabilité agricole et conducteur des ouvriers ; une fois âgé de vingt et un ans, il fut envoyé dans le pays de Bade chez deux bons agriculteurs, dont le dernier, que j'ai visité deux fois, est un des anciens élèves de Hohenheim, du temps où Schwerz en était le directeur. M. Weber, fermier au Rothenfels, près Bade, cultive à merveille; il a de magnifiques récoltes, de beau bétail, et a été un excellent maître pour M. Brumter. Celui-ci payait 40 francs de pension par mois, n'ayant pas de vin; il n'était pas forcé de travailler, mais il le faisait volontairement, afin de se perfectionner dans cette excellente culture belge. Étant revenu chez M. Ehrman l'année dernière, celui-ci lui a loué ses 40 et quelques hectares pour 3,000 fr., ou environ 70 fr., les prés compris, lui fournissant comme cheptel, qui sera remboursé à fin du bail de neuf ans, commencé à la Toussaint dernière. le beau bétail garnissant la ferme et composé de vaches et élèves schwitz, croisés avec la race du Symmenthal, deux juments, deux poulains d'un an, les récoltes de céréales d'hiver, enfin les instruments de culture ; le tout sur estimation d'experts. Il y avait une pièce de Trèfle qu'on voyait à peine à la mi-mars, mais Brumter ayant répandu alors 5 hectolitres de cendres non lessivées par hectare, la première coupe est devenue tellement belle, haute et épaisse, qu'elle a nourri vingt et une grosses bêtes, à partir du 2 jusqu'au 24 juin, sur 80 ares, et le reste, mis en foin, a produit plus de 5,000 kilog. par hectare; la seconde coupe, qui entre en fleur, a plus de 50 centimètres de haut et est très-épaisse; il compte faire une bonne troisième coupe, après un purinage de 100 hectolitres par hectare, et, si le purin

ne suffit pas pour arroser tout le Trèfle, il donnera de nouveau 5 hectolitres de cendres non lessivées par hectare, qui
lui coûteront 10 francs. M. Brumter avait semé du Froment
de mars et de la Luzerne sur une terre, dont la plus grande
partie avait produit, l'année précédente, une récolte sarclée
bien fumée ; le reste de ce champ avait produit des Navets
d'éteule, sans engrais. Le Froment et la Luzerne semés sur
cette partie ne valaient rien du tout en mai ; on y a semé
5 hectolitres de colombine par hectare, dont le prix était de
25 fr., et ces deux plantes sont maintenant bien plus belles
que celles qui suivent la récolte sarclée bien fumée. On avait
doublé la dose de colombine sur un coin du champ qui avait
porté les Navets d'éteule, et là le Froment et surtout la Luzerne sont de toute beauté. On voit par là combien les engrais sont la chose essentielle en agriculture. M. Brumter a
un très-beau Chanvre sur un champ très-sablonneux, qu'il
a trouvé plein de Chiendent, détruit et enlevé pendant les
cinq labours et hersages qu'il lui a donnés, en même temps
que 50 mètres cubes de fumier et 500 hectolitres de purin à
l'hectare.

Il a 3 hectares de houblonnières, 4 de Pommes de terre,
3 de Rutabagas repiqués, 3 de Betteraves semées en lignes,
2 de Carottes, 1 de Topinambours, et il va semer des Navets après Seigle ; mais il aura soin de ne les pas laisser
manquer d'engrais et de purin. Sa cour est propre, tout y
est à sa place ; les vaches ne sortent jamais de l'étable que
pour boire. Une de ces belles bêtes, âgée de sept ans, donne
42 litres à nouveau lait, lorsqu'elle vêle en bonne saison ;
elle lui produit bien 400 francs par an, son lait étant vendu,
à Bischwiller, deux fois par jour, de 12 à 15 centimes le
litre, suivant les saisons. Il n'a que quatre cochons à l'engrais. M. Brumter attelle ses cinq bœufs au moyen de jougs
de tête simple : ce genre d'attelage, ainsi que celui des jougs
de nuque, laisse une bien plus grande liberté aux animaux ;
aussi marchent-ils, étant attelés ainsi, bien plus vite que
ceux attelés au moyen de doubles jougs. Ce dernier attelage

est, à la vérité, un peu moins dispendieux, car il n'exige
pas, comme les deux précédents, des traits, une dossière et
une sous-ventrière pour chaque bête de trait. Deux de ses
bœufs, de la race du pays, qui sont bien plus petits que les
trois autres de race schwitz, marchent cependant à la charrue aussi vite que les chevaux, tandis que les schwitz vont
bien plus lentement, quoique aussi jeunes et bien plus forts.
M. Brumter tient sa comptabilité très-exactement et fort
proprement, il se rend compte de tout, comme on peut le
voir par les détails qui précèdent ; son intelligence, son ac-
tivité, sa bonne conduite et surtout son intégrité ont décidé M. Ehrman à lui faire les avances nécessaires pour
qu'il pût devenir fermier, dans un pays où les terres sont
très-divisées et, par suite, fort chères. Dans ces environs,
les terres, quoique fort sablonneuses, se vendent de 3 à
4,000 francs en détail. Les prés, étant fort étendus, ne valent guère que 1,000 francs de plus par hectare, quoiqu'ils
soient fort productifs ; je pense que c'est à cause de cela
qu'on voit si peu de prairies artificielles dans un pays, du
reste, si bien cultivé.

Mon hôte à Bruhmath, qui cultive, m'avait dit que les
bonnes terres, autour de la ville, valent jusqu'à 10,000 fr.
au détail. Les villages sont très-nombreux et considérables
dans cette partie de l'Alsace ; ils m'ont paru bien bâtis et
propres ; on n'y voit pas, comme en Lorraine, les fumiers
dans les rues et se faisant lessiver par les eaux des toitures.
Les plaines sont dégarnies d'arbres, les routes bordées de
Pruniers, qui fournissent des fruits, des pruneaux et des
eaux-de-vie ; les villages sont entourés de beaux Noyers et de
vergers. Les chevaux d'Alsace sont, en général, de petite
taille, maigres et laids, de manière à attirer la pitié des
étrangers ; je ne comprends pas cela dans un pays aussi
riche et avancé en culture. M. Brumter donne à ses deux
chevaux de trait, qui sont en très-bon état, 1 hectolitre de
Maïs par semaine pour les deux. Il ne cultive ni Féveroles,
ni Avoine, ni Garance, disant qu'on ramène, lors de l'arra-

chage, du mauvais sable rouge, parmi celui de la superficie, devenu brun par les fumures séculaires; il dit avec raison que cette culture convient surtout aux terres d'alluvion, dont le sous-sol enrichit la terre de la surface. Les charrues que j'ai remarquées dans ces environs sont assez bonnes ; elles ont toutes des avant-trains, mais elles sont loin de valoir les excellents brabants de Belgique, ni la petite charrue de la fabrique de M. Meixmoron - Dombasle. Les herses sont bonnes ; je n'ai pas aperçu les charrues de M. Brumter, et ne sais pas s'il a celle de Hohenheim, qu'il a dû apprécier pendant son séjour au Rothenfels près Bade, car M. Weber s'en sert. Cette charrue, dite *brabant*, qui a été importée par M. Schwerz, lorsqu'il fut nommé directeur de l'école royale d'agriculture de Hohenheim, près de Stuttgard, a été depuis lors perfectionnée et simplifiée ; les fontes et les versoirs en forte tôle, qu'on fabrique à Hohenheim, sont tous pareils ; on presse cinq ou six plaques à la fois, après les avoir fait rougir, en les introduisant dans un moule en fonte, dont ils prennent la forme par une forte pression. On s'est si bien trouvé de cette charrue, que tous les marchands de fer répandus dans le Wurtemberg tiennent ces versoirs en tôle et les fontes, avec lesquels le dernier maréchal ou charron de village est en état de monter une excellente charrue, sans avant-train et coûtant peu, une quarantaine de francs. On m'a montré, à environ 1 lieue de Bischwiller, une propriété composée d'une douzaine d'hectares et d'une maison de maître, fort simple, qui venait d'être vendue 120,000 francs.

J'ai remarqué, dans ces diverses courses en Alsace, beaucoup de femmes grandes et bien faites, parmi lesquelles un assez grand nombre de jolies. Je suis allé coucher à Haguenau, et j'ai fait, le matin suivant, une promenade d'environ quatre heures dans les environs de cette ville, dont une grande partie sont des terres sablonneuses très-arides; on en tire cependant un assez bon parti au moyen du fumier provenant d'un régiment de cuirassiers qui s'y trouve en

garnison. J'y ai vu de beaux Seigles, Pommes de terre,
Maïs, Garance et surtout beaucoup de Topinambours, mais
fort peu de Vesces et Racines ; les Carôttes y viendraient fort
bien, tandis que les sables ne conviennent pas aux Betteraves ; dans une petite vallée à fond tourbéux, des jardins
maraîchers et beaucoup de houblonnières ; j'ai été souvent
étonné de voir cette dernière culture établie aussi dans des
sables en apparence maigres, mais en terrains bas et frais,
les fumiers des villes aidant.

M. Laurent, directeur de l'école forestière de Nancy, oc-
cupait depuis plusieurs jours l'hôtel d'Haguenau avec ses
élèves; il étudie avec eux les forêts du voisinage. En me rendant à Wissembourg, le 29 juin, j'ai trouvé une belle forêt
composée, en grande partie, de Sapins silvestres et de Bou-
leaux qui étaient fort beaux. Les environs de cette ville sont
charmants; les terres y sont fort bonnes et bien cultivées;
les Froments que j'ai vus sur terres fortes, quelques lieues
après avoir quitté Haguenau, ainsi que tous ceux que j'ai
aperçus depuis là jusqu'à Landau (sur un parcours de 60 kilomètres), étaient mauvais ou médiocres, ces terres ayant
besoin d'être drainées.

Je suis allé faire une visite à M. Gaukler, maître de poste
à Wissembourg, que j'avais appris, en 1850, à connaître
comme un excellent cultivateur. Il se tient, depuis longues
années, au courant de la littérature agricole française et allemande, est président du comice agricole de ce canton, et a
déjà fait bien des démarches pour obtenir, comme tant d'autres comices, du ministère d'agriculture, les fonds nécessaires
pour acheter une machine à faire des tuyaux, car il est très-
grand partisan du drainage, dont il a obtenu de longs services depuis plusieurs années, l'ayant opéré jusqu'à présent
au moyen de pierres et fagots, faute de tuyaux.

M. Gaukler donne à ses chevaux qui relayent les dili-
gences 16 litres d'Avoine; ils sont en fort bon état, mais il
leur donne, par semaine, à chacun, 500 grammes de sel. Il
a de fort bonnes et belles vaches suisses; il se sert de char-

rues Dombasle dans les terres fortes, et du rohadlo, venu de
Bohême, dans celles qui sont meubles ou naturellement légères ; je pense que les personnes qui se servent du rohadlo
l'auraient bien vite abandonné si elles avaient essayé d'un
bon brabant tourné en charrue américaine, ou bien d'une
des quatre ou cinq meilleures charrues américaines qui se
trouvaient à l'exposition de Londres. Le seul avantage du
rohadlo, qui est une charrue primitive et informe, c'est de
ne coûter qu'une trentaine de francs, et ensuite de demander beaucoup moins d'efforts de traction dans les terres
meubles que la charrue Dombasle. Lá route de Wissembourg
à Landau vous fait parcourir un des pays les plus beaux et
en même temps des plus riches qu'on puisse voir, tant par
la qualité de ses terres que par son excellente culture. Plus
on s'avance vers cette frontière de la France, plus la culture
s'améliore. J'y ai remarqué de fort belles récoltes en tous
genres, assez de Betteraves nouvellement repiquées, des
champs de Pavots blancs et roses, davantage de Colzas, Trèfles et Luzernes ; j'ai aperçu deux parcs contenant de grands
moutons allemands ayant un peu de sang mérinos, et depuis quelque temps de nombreux attelages de chariots légers
et de charrues tirés par deux jolies vaches qui forment les
meilleurs attelages pour les petites cultures en terres légères.

FIN.

TABLE.

Paris. — Imprimerie de Mme Ve BOUCHARD-HUZARD, rue de l'Éperon, 5.

BIBLIOTHEQUE NATIONALE DE FRANCE
3 7531 00213466 7

www.ingramcontent.com/pod-product-compliance
Lightning Source LLC
Chambersburg PA
CBHW061351060726
47597CB00003B/818